________________ 님의 소중한 미래를 위해

이 책을 드립니다.

처음 **크로아티아**에
가는 사람이
가장 알고 싶은 것들

처음 **크로아티아**에 가는 사람이 가장 알고 싶은 것들

잊을 수 없는 내 생애 첫 크로아티아 여행

윤우석 지음

원앤원스타일

원앤원**스타일** 우리는 책이 독자를 위한 것임을 잊지 않는다.
우리는 독자의 꿈을 사랑하고,
그 꿈이 실현될 수 있는 도구를 세상에 내놓는다.

처음 크로아티아에 가는 사람이 가장 알고 싶은 것들

초판 1쇄 발행 2015년 9월 24일 | **초판 2쇄 발행** 2016년 11월 1일 | **지은이** 윤우석

펴낸곳 ㈜원앤원콘텐츠그룹 | **펴낸이** 강현규 · 박종명 · 정영훈

책임편집 이은솔 | **편집** 최윤정 · 김효주 · 유태선 · 주효경 · 민가진 · 유채민 · 추윤영

디자인 최정아 · 김혜림 · 홍경숙 | **마케팅** 송만석 · 서은지 · 김서영

등록번호 제301-2006-001호 | **등록일자** 2013년 5월 24일

주소 04591 서울시 중구 다산로 16길 25, 3층(신당동, 한흥빌딩) | **전화** (02)2234-7117

팩스 (02)2234-1086 | **홈페이지** www.1n1books.com | **이메일** khg0109@1n1books.com

값 15,000원 | **ISBN** 978-89-6060-572-5 13980

이 도서의 국립중앙도서관 출판시도서목록(CIP)은 e-CIP홈페이지(http://www.nl.go.kr/ecip)에서
이용하실 수 있습니다.(CIP제어번호 : CIP2015024126)

진정한 여행이란
새로운 풍경을 보는 것이 아니라,
새로운 눈을 가지는 데 있다.

· 마르셀 프루스트(소설가) ·

마음속 보석을 간직하고 오게 될
나만의 크로아티아 여행 계획서

오래전 심심풀이로 점을 본 적이 있었다. "해외에 나가 살거나 아니면 출장을 자주 다닐 팔자"라는 말을 들었을 당시에는 출장으로 홍콩을 한 번 다녀온 것이 전부였기 때문에 다른 사람들에 비해 외국을 자주 나가게 될 팔자가 되리라고는 생각하지 못했다.

그러던 어느 날 한 사람을 만났고 그 이후로 인생이 변했다. '여행'이라는 이름으로 유럽 대륙에 발을 디뎠고, 옆에서 여행서를 쓰는 걸 지켜보면서 '나도 한 번 해보고 싶다.'는 자극도 받았다. 그러다 다녀온 곳에 대한 이야기를 남들에게 좀더 해보고 싶다는 욕구를 가지게 만든 가장 멋진 곳이 바로 크로아티아였다.

한국에서는 tvN 〈꽃보다 누나〉라는 프로그램 때문에 더욱 널리 알려졌지만 크로아티아는 예전부터 많은 사람들이 찾던 관광지 중 하나였다. 1980년대까지는 공산주의 국가의 일부로, 1990년대에는 잔인한 내전이 벌어졌던 현장으로 알려져 있지만 그전부터 크로아티아는 유럽에서 가장 아름다운 풍경을 자랑하는 보석 같은 곳으로 유명했다.

크로아티아가 매력적인 이유는 빛을 받은 보석처럼 다방면이 아름답게 빛나기 때문이다. 런던이나 파리 같은 대도시에 비하면 소박하지만 사람 사는 냄새를 좀더 가까이에서 맡을 수 있는 자그레브, 사계절이 모두 아름다운 풍경을 보여주는 플리트비체 호수 국립공원, 파란 하늘과 하얀 대리석이 어우러진 자다르와 스플리트, 말로는 설명이 안 되는 눈부신 자태를 뽐내는 두브로브니크까지 크로아티아는 우리가 흔히 알고 있는 다른 유럽의 관광지와는 다른 강렬함을 사방에서 뿜어내는 보석이다.

TV 프로그램의 영향 때문인지 최근 크로아티아를 방문하는 한국인 관광객의 숫자가 급증했다고 한다. 그러나 대부분의 사람들은 바쁜 시간을 쪼개 인근의 다른 나라까지 짧은 시간에 돌아보는 숨 가쁜 일정 속에서 크로아티아의 매력을 제대로 느끼지 못하고 오는 것 같아서 안타까운 마음이 들기도 한다.

원고를 쓰는 동안 '불필요한 것을 덜어내자.'라고 마음먹었다. 간혹 서점에서 여행서를 보면 한 번의 여행에서 감당하기 힘든 많은 정보들이 꾹꾹 눌러져 담겨 있었고, 이런 책들을 보면서 여행을 하면 커다란 줄기를 놓칠 수 있다는 생각이 들었기 때문이다. 이 책을 보면서 처음 크로아티아를 여행하는 사람들이 말 그대로 여행에 '집중'할 수 있게 된다면 책을 쓴 보람을 느끼지 않을까 생각한다.

이 책이 나올 수 있었던 것은 2번의 크로아티아 여행을 함께하면서 옆에서 항상 힘이 되어주었던 사랑하는 내 반쪽 문은정 님 덕분이었다. 긴 여행 기간 동안 혼자서 집에 계시면서 응원을 아끼지 않으시는 아버지, 그리고 누나와 동생, 제수씨와 예쁜 조카들도 항상 내 편인 고마운 사람들이다. 자주 찾아뵙지 못해 항상 죄송한 장인어른과 장모님께는 다시 한 번 고마움의 큰절을 올리고 싶다. 그리고 사연 많았던 첫 크로아티아 여행을 함께했던 아내의 친구 이수연, 이진수 님, 김지선 님에게도 고마움을 표시하고 싶다.

특히 캐논아카데미라는 좋은 공간에서 하고 싶은 이야기를 마음대로 할 수 있도록 기회를 주시는 캐논코리아컨슈머이미징의 많은 분들께도 감사드린다. 무엇보다 부족한 원고를 멋진 책으로 만들어주시는 원앤원콘텐츠그룹의 여러분께도 큰 감사의 인사를 드리고 싶다.

윤우석

contents

아드리아 해의 보석 크로아티아,
내 생애 첫 여행

크로아티아는 유럽의 남동부에 위치한 나라로, 제1차 세계대전 이후 1918년 수립된 남부 슬라브족 다민족국가인 세르비아-크로아티아-슬로베니아 왕국(1929년 유고슬라비아 왕국으로 개칭)을 거쳐 제2차 세계대전 후에 과거 공산주의 국가였던 유고슬라비아 사회주의 연방공화국의 일부였다가 1991년 6월 25일 독립을 선언했다. 아드리아 해에 접한 해안 지역과 플리트비체 호수 국립공원은 유럽에서 가장 각광받는 관광지 중 하나로 널리 알려졌으며, 최근 크로아티아를 방문하는 한국 관광객의 수도 급증하고 있다.

'아드리아 해의 진주'로 일컬어지는 두브로브니크의 아름다운 풍경

'죽기 전 한 번은 꼭 가봐야 할 곳'으로 꼽히는 플리트비체 호수 국립공원

- 공식 명칭: 크로아티아 공화국(Republika Hrvatska)

- 수도: 자그레브(Zagreb)

- 공용어: 크로아티아어(관광지에서는 영어 사용 가능)

- 면적: 56,594㎢(세계 126위)

- 인구: 4,190,700명(2016 Eurostat 추정)

- 통화: 크로아티아 쿠나(HRK)(kn로 표시)

- 시간: 중부 유럽 표준시(UTC+1)(3월 마지막 일요일 01:00부터 10월 마지막 일요일 01:00까지는 서머타임 적용)

- 국제전화번호: +385

- 전기: 220V, 50Hz(한국과 동일한 C타입 콘센트 사용)

- 식수: 크로아티아의 수돗물은 대부분 그냥 마셔도 무방하지만 가급적 마트나 가판대 등에서 판매하는 생수를 구입해 마시는 것을 권한다. 탄산이 함유된 것과 그렇지 않은 것 둘 중 하나를 구입할 수 있는데, 'Gas' 혹은 'No Gas'라고 이야기하면 대부분 알아듣는다.

- 기후: 크로아티아는 수도 자그레브가 위치한 북동쪽 내륙과 아드리아 해에 면한 남서쪽 해안 지역의 기후가 다소 다르다. 내륙 지역의 경우 여름에는 덥고 겨울에는 춥고 눈이 많이 내리는 전형적인 대륙성 기후를 보여주지만 여름의 경우 한국에 비해 건조하기 때문에 불쾌지수는 높지 않은 편이다. 해안 지역은 여름에 매우 기온이 높고 겨울에는 눈과 비가 많이 내리지만 다소 포근한, 전형적인 지중해성 기후를 보여준다.

크로아티아의 봄은 변덕이 심하다. 일교차가 크고 날씨도 자주 변하기 때문에 여행객들을 당황하게 만들기 쉬운데, 4월까지는 낮에도 찬 기운을 느낄 수 있으므로 몸을 따뜻하게 해줄 수 있는 겉옷을 하나 정도 휴대하고 다니는 것이 좋다. 크로아티아는 강수량이 많은 지역은 아니지만 봄에 강수가 집중되는 편이며 가끔 폭우가 내리는 경우도 있다.

크로아티아를 여행하기에 가장 좋은 시기는 5∼6월이다. 이 시기에는 기온은 다소 높지만 건조하기 때문에 그늘에서는 시원함을 느낄 수 있어 여행하기 매우 좋다. 그러나 본격적인 여름이 시작되는 7월부터는 한낮의 기온이 40℃를 넘어가는 등 기온이 매우 높기 때문에 여름에 여행을 계획한다면 긴 시간 햇빛에 노출되는 것을 피하고, 모자를 착용하며 자외선차단제를 바르고 물을 자주 마시는 등의 꼼꼼한 대책이 필요하다. 뜨거운 태양 아래 오랫동안 돌아다니는 경우 일사병 혹은 열사병이 건강을 심각하게 위협할 수도 있다.

뜨거운 여름을 지나 가을이 되면 봄만큼이나 크로아티아를 여행하기 좋은 날씨가 된다. 그러나 봄과 마찬가지로 다소 비가 많이 내릴 수 있고 10월이 되면 일교차가 더욱 커지기 때문에 두터운 겉옷을 준비해야 한다.

크로아티아의 겨울은 눈이 많이 내리고 내륙 지역은 기온이 상당히 많이 떨어지기 때문에 겨울에 여행을 계획하는 경우 한국과 비슷한 정도의 방한 대책을 세우는 것이 필요하다. 해안 지역은 비가 자주 내리므로 우산이나 우비처럼 비를 피하기 위한 별도의 준비물을 반드시 챙기는 것이 좋다.

크로아티아는 한국에 비해 상당히 적은 연평균 강수량을 보여주지만, 2014년 5월 남동유럽을 강타한 홍수처럼 종종 기상이변이 발생하기도 한다.

■ 크로아티아 여행 정보 사이트

크로아티아 관광청: www.croatia.hr

위키트래블(Wikitravel) 크로아티아: www.wikitravel.org/en/croatia

두브로브니크 투어리스트보드(Tourist Board): www.tzdubrovnik.hr

버스크로아티아(버스 검색 및 예약): www.buscroatia.com

야드롤리니야(페리 예약): www.jadrolinija.hr

네이버 카페 크로아티아 홀릭: cafe.naver.com/croatiaholic

1. 여권 및 비자 만들기

여권 만들기

여권은 반드시 유효기간이 최소 6개월 이상 남아 있어야 하며, 가급적 1년 이상 남아 있는 것이 좋다. 유효기간 만료가 임박하거나 여권이 없다면 각 시도자치단체별 광역시청·시청·구청·군청 등에서 발급받을 수 있다.

여권 발급을 위해서는 여권발급신청서(발급장소에서 작성 가능), 여권용 사진 1매(가로 3.5cm×세로 4.5cm인 6개월 이내에 촬영한 컬러 사진으로 배경은 반드시 백색이어야 하며 정면 탈모 상태로 촬영되어야 함), 신분증을 지참하고 여권발급기관을 방문하면 된다. 여권이 발급되는 데 최소한 1주일 정도가 소요되므로 여행 전 미리 준비하는 것이 좋다.

발급받을 수 있는 여권에는 단수 여권과 복수 여권이 있다. 단수 여권은 왕복 1회만 사용 가능한 여권이며, 복수 여권은 5년 혹은 10년간 여러 번 사용할 수 있는 여권으로 보통 복수 여권을 발급받는다. 여권 발급 수수료는 다음과 같다.

종류	구분		48면	24면
전자 여권	복수 여권	10년	53,000원	50,000원
		5년 8세 이상 18세 미만	45,000원	42,000원
		8세 미만	33,000원	30,000원
	단수 여권	1년	20,000원	

여권에 케이스를 씌워도 될까?
치근 발급되는 여권은 모두 전자 여권으로, 표지에 여권 판독을 위한 센서가 내장되어 있다. 여권 케이스를 사용할 거라면 입국 과정에서 벗겨야 하므로 가급적 벗기기 쉬운 케이스를 준비하는 것이 좋다.

비자 만들기

크로아티아는 한국과 비자면제협정이 체결되어 있어, 관광 목적으로 입국할 경우 비자 없이 90일간 여행할 수 있다.

2. 항공권 구입하기

현재는 한국에서 크로아티아까지의 직항 노선이 개설되어 있지 않기 때문에 주변 국가들을 거쳐야만 입국이 가능하다. 성수기에 대한항공에서 크로아티아 직항 노선을 개설하지만 패키지여행을 위한 전세기로 자유여행을 계획하는 일반 여행객이 직항 노선을 예약하는 것은 불가능하다.

크로아티아로 가기 위해서는 최소한 유럽 도시를 1회 이상 경유해야 하는데, 스케줄에 따라서 환승 시간이나 항공권의 금액이 천차만별이기 때문에 항공권 검색 사이트를 통해 꼼꼼하게 확인하고 구입해야 한다.

스카이스캐너에서 항공권 검색하기

상당히 많은 항공권 검색 사이트가 있지만 그 중에서도 가장 잘 알려져 있는 사이트가 스카이스캐너(www.skyscanner.co.kr)다. 한국어까지 지원하고 있으므로 쉽게 항공권을 검색할 수 있다.

스카이스캐너 홈페이지에 접속하면 출발지와 도착지, 그리고 날짜를 입력할 수 있는 화면이 보인다. 요구하는 정보를 입력한 뒤 검색 버튼을 누르면 지역별 출발지를 선택하는 화면이 나오고, 출발지를 선택하면 자동으로 항공편 검색을 시작하고 결과를 보여준다.

검색 결과에서 주목해야 할 부분은 가격과 소요시간, 그리고 경유 횟수다. 검색

① 스카이스캐너 홈페이지에서 출발지와 도착지, 출발일과 귀국일을 입력하고 검색 버튼을 누른다.

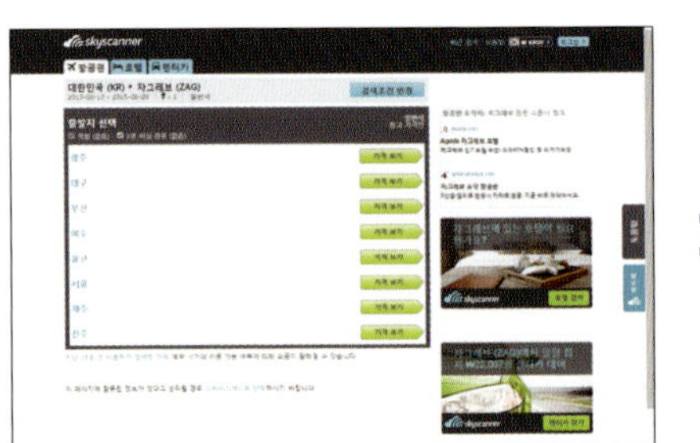

② 구체적인 출발지를 선택한다.

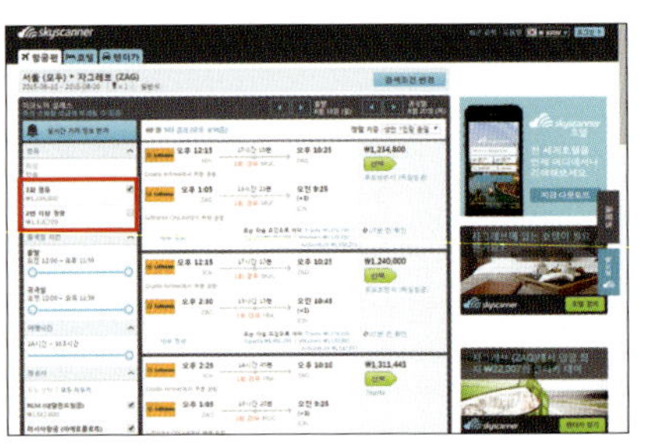

③ 표시된 부분에서 '1회 경유' 옵션만 체크해서 검색 결과를 줄이도록 한다.

④ 다양한 항공사의 스케줄을 비교 확인한 후 적당한 시간과 가격의 항공편을 선택한다.

결과는 2회 이상 경유하는 스케줄도 보여주는데 이러한 스케줄은 시간이 굉장히 오래 걸릴 뿐만 아니라 환승 난이도도 높기 때문에 왼쪽의 검색 옵션에서 '1회 경유'를 체크해주는 것이 좋다. 소요시간도 천차만별이다. 1회만 경유를 하더라도 중간에 대기시간이 길어지면 그만큼 도착 시간이 늦어진다. 역시 왼쪽의 검색 옵션에서 '여행 시간'을 조절해 원하는 검색 결과를 얻어보자.

보통 여행을 하기 3개월 전에 비행기 표를 예약하는 것이 가장 저렴한 편이며, 출발일에 임박해서 예약하거나 성수기에 예약하게 되면 가격이 매우 비싸질 수 있다. 또한 가격이 저렴한 항공권은 취소나 변경이 불가능한 경우가 많으므로 꼼꼼하게 확인한 뒤 예약해야 한다.

크로아티아를 방문하는 사람들이 가장 많이 이용하는 항공편은 이스탄불을 경유해 자그레브까지 운항하는 터키 항공이다. 파리를 경유하는 에어프랑스나 암스테르담을 경유하는 KLM(네덜란드 국영 항공사)도 괜찮은 선택이 될 수 있으며, 최근에는 도하를 경유하는 카타르 항공을 선택하는 사람도 늘어나고 있다. 독일의 항공사인 루프트한자도 크로아티아 항공과 연계해 자그레브까지 항공편을 운항한다.

타 도시를 경유하는 항공권을 예약하는 경우 가장 눈여겨보아야 할 부분은 환승 시간이다. 총 소요시간이 짧은 스케줄의 경우 환승 시간이 상당히 짧은 편인데, 만약 환승 시간이 1시간 정도라면 입국 심사나 공항 내에서의 이동, 연착 등의 문제로 다음 비행기를 놓칠 가능성이 있다. 그러므로 공항에서의 대기시간이 다소 길더라도 환승 시간이 충분한 스케줄을 선택하는 것이 좋다. 보통 3시간 이상의 넉넉한 환승 시간을 가지고 있는 스케줄을 예약하는 것을 권장한다.

Tip

얼리버드 프로모션

최근 항공사들이 얼리버드 프로모션과 같은 다양한 프로모션을 통해 저렴한 항공권을 판매하고 있다. 항공사 홈페이지에 접속한 뒤 메일링에 가입하면 정기적으로 프로모션 메일을 받아볼 수 있는데 평소보다 상당히 저렴한 가격에 항공권을 예약할 수 있어 경쟁이 치열하다. 다만 봄·여름의 성수기보다는 가을·겨울의 비수기에 프로모션이 활발하게 진행되는 점이 아쉬운 부분이다. 카타르 항공이나 루프트한자, KLM 등이 크로아티아행 항공권 프로모션을 진행하는 경우가 많으므로 해당 항공사의 메일을 항상 주목해야 한다.

크로아티아 국내선 항공 이용하기

크로아티아를 방문하는 사람들은 보통 크로아티아의 수도 자그레브로 입국해 다시 자그레브에서 출국하는 방법을 많이 선택한다. 자그레브에서 여행을 시작한 뒤 남쪽으로 내려가면서 주요 관광지를 돌아보고 마지막에 여행의 하이라이트인 두브로브니크를 둘러보는 일정이 보편적인데, 일정이 끝난 후 두브로브니크에서 자그레브까지는 국내선 항공을 통해 이동해야 한다. 이 항공편은 자그레브에서 한국으로 출발하는 비행기의 일정까지 감안해서 예약해야 한다.

두브로브니크에서 자그레브까지 이동하는 항공편 역시 스카이스캐너와 같은 검색 사이트를 통해 예약할 수 있으며, 크로아티아 항공 홈페이지(www.croatiaairlines.com)에서도 가능하다. 주의할 점은 휴대하거나 체크인할 수 있는 화물의 크기와 무게에 제한이 있다는 것이다. 크로아티아 국내 항공의 경우 무료로 부칠 수 있는 화물의 무게는 최대 15kg이고, 크기는 높이와 너비와 폭의 길이 합계가 158cm 이하여야 한다. 무게나 크기를 초과하면 별도의 비용을 더 지불해야 하는데, 크기 혹은 무게 중 하나만 초과되면 '240kn(한화 약 4만 8천 원)+VAT 25%', 크기와 무게가 모두 초과되면 '340kn(한화 약 6만 8천 원)+VAT 25%'의 비용이 소요된다. 또한 부칠 수 있는 화물의 최대 무게는 비용을 지불하더라도 32kg이기 때문에 반드시 무게와 크기를 감안해서 짐을 꾸려야 한다.

3. 숙소 예약하기

여행을 떠나기 전 해야 할 가장 중요한 일 중 하나가 바로 숙소 예약이다. 패키지여행을 가는 것이 아니라면 숙소도 직접 예약해야 하는데, 여행 초보자의 경우 어떻게 숙소를 고르고 예약해야 하는지 몰라 당황하는 경우가 많다.

크로아티아 현지의 숙소를 예약하는 방법은 크게 2가지다. 부킹닷컴(www.booking.com)이나 호텔스닷컴(www.hotels.com)과 같은 유명 온라인 예약 사이트를 이용하는 방법과, 국내에 활성화되어 있는 여행 관련 카페를 이용하는 방법이다.

숙소의 종류

숙소를 예약하는 경우 먼저 어떠한 종류의 숙소에서 숙박할 것인지 결정해야 한다. 여러 형태의 숙소가 있지만 호텔과 호스텔, 그리고 아파트먼트(Apartment)를 가장 많이 찾는다.

크로아티아를 여행하는 초보자들에게 가장 무난한 숙소는 호텔이다. 체크인 시간보다 일찍 도착한 경우 짐을 맡겨놓고 관광을 하는 것도 가능하며, 시설이 비교적 깔끔하고 보안이 잘 되어 있기 때문에 안심하고 숙박할 수 있다.

저렴한 가격의 숙소를 찾는다면 호스텔을 추천한다. 하나의 방에 여러 개의 침대가 놓여 있는 도미토리(Dormitory) 객실을 제공하는데, 호텔에 비해서 월등히 저렴한 가격에 숙박이 가능하므로 배낭 여행객들이 많이 찾는다. 유럽 여행에 익숙한 사람들은 호스텔에서 또 다른 여행의 낭만을 즐기기도 하지만, 초보 여행자에게 호스텔은 다소 부담스러운 선택이 될 수 있다.

아파트먼트는 국내에서 보기 힘든 형태의 숙소다. 보통 집을 개조해서 숙소로 만드는 경우가 많으며, 종류에 따라서 여러 개의 방과 화장실, 취사가 가능한 부엌을 제공한다. 현지 마트에서 재료를 구입해 음식을 직접 해 먹을 수도 있고, 빌리는 곳에 따라 세탁기가 있는 곳도 있으므로 여행을 하면서 밀린 빨래를 한꺼번에 해결할 수도 있다.

아파트먼트는 비슷한 가격대의 호텔에 비해 고급스러운 시설을 갖춘 곳이 많아 최근 크로아티아를 방문하는 여행객들이 많이 선호하고 있다. 특히 두브로브니크나 스플리트와 같은 유명한 관광지에는 호텔이나 호스텔에 비해 아파트먼트의 수가 압도적으로 많다. 여러 명이 함께 여행을 간다면 아파트먼트에서 숙박해보는 것도 좋을 것이다.

아파트먼트 숙박시 주의사항
아파트먼트는 호텔처럼 숙소의 위치가 정해져 있는 것이 아니기 때문에 현지에 도착하면 먼저 아파트먼트 관리인을 만나야 한다. 사무실이 있는 경우도 있고, 그렇지 않은 경우도 있는데 보통 도착 전 이메일이나 전화로 약속을 잡아야 하는 일이 많다. 영어에 능숙하지 않은 사람이라면 전화로 약속을 잡는 것에서 상당한 어려움을 겪을 수 있으므로, 이메일 등을 통해 사전에 정확한 시간과 장소를 확실하게 정해놓아야 한다.

부킹닷컴에서 숙소 예약하기

크로아티아의 숙소는 다양한 온라인 사이트를 통해 예약할 수 있는데, 여기에서는 부킹닷컴에서 예약하는 방법을 소개하기로 한다.

먼저 부킹닷컴 홈페이지에 접속한 후 화면의 왼쪽에서 방문하고자 하는 목적지와 체크인·체크아웃 날짜, 투숙 인원 정보를 입력한 다음 검색 버튼을 누른다. 도시에 따라서 검색되는 숙소의 수가 많을 수 있기 때문에 검색 결과 화면의 왼쪽에 있는 필터링 옵션을 변경해서 원하는 종류나 가격대의 숙소를 검색하도록 하자.

필터링 옵션에서 가장 중요한 것은 숙소의 종류와 가격대이지만, 그 외에도 확인

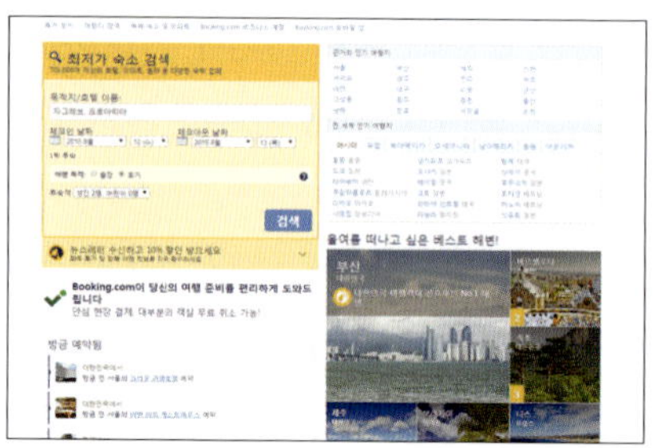

① 방문하고자 하는 도시와 날짜, 투숙 인원을 선택하고 검색 버튼을 누른다.

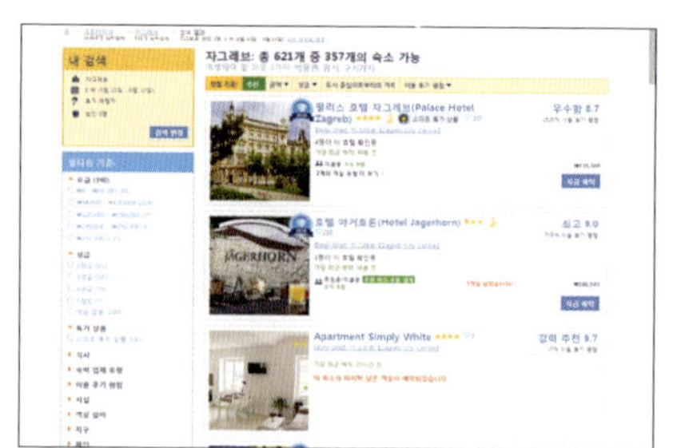

② 검색 결과가 나오면 왼쪽의 필터링 옵션을 통해 원하는 수준의 숙소를 쉽게 선택할 수 있다.

③ 필터링 옵션으로 가격대나 종류, 평점 등 다양한 조건으로 검색해보자.

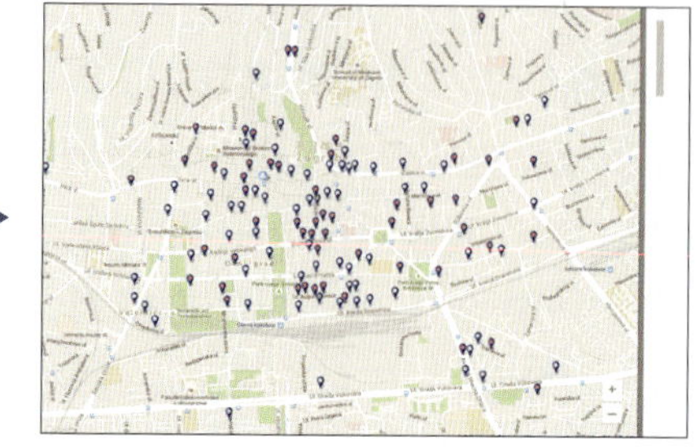

④ 예약하기 전 지도로 숙소의 위치를 파악한다. 관광지에서 가깝고 대중교통이 편리한 곳이 좋다.

해야 할 것들이 많다. '시설' 항목에서 아침식사 제공, 무료 와이파이, 주차 가능 여부 등을 체크해야 하며, 여름에 숙박을 하는 경우 에어컨 유무도 확인해야 한다.

당연히 비싼 가격대의 숙소가 시설도 좋은 경우가 많지만, '평점' 옵션을 활용하면 저렴하면서도 투숙객들의 평가가 좋은 숙소를 찾을 수 있다. 평점이 높은 곳일수록 깔끔한 시설과 친절한 응대를 경험할 수 있으니 적극 활용해보자. 부킹닷컴은 숙박을 한 고객만 후기를 남기고 평가할 수 있게 되어 있어 평점과 후기에 대한 신뢰성이 높은 편이다.

필터링을 거쳐 어느 정도 원하는 숙소를 뽑았다면 사진을 통해 숙소에 대한 정보를 추가로 얻을 수 있다. 다만 사진은 구도나 촬영한 렌즈 등에 따라서 실제와 상당히 다르게 보일 수 있다는 점을 감안해야 한다. 특히 광각렌즈로 촬영된 사진은 숙소의 크기를 실제보다 상당히 넓어 보이게 만들기 때문에 사진만 보고 숙소의 크기를 착각하기 쉽다.

사진까지 마음에 드는 숙소가 있더라도 바로 예약을 해서는 안 된다. 지도에서 숙소의 위치가 주요 관광지에서 가까운지, 그리고 사람이 많이 다니는 곳 주변에 위치하고 있으면서 대중교통을 이용하기 쉬운지 확인해야 한다. 만약 렌터카를 이용할 예정이라면 주차가 가능한지도 확인해야 한다. 특히 아파트먼트의 경우 대부분 주차장을 제공하고 있지 않기 때문에 인근의 공영 주차장 등에 주차가 가능한지를 알아봐야 한다. 호텔에서 숙박을 하는 경우 주차장을 사전에 예약해야 할 수도 있고, 주차비가 별도로 부과될 수도 있다. 고급 호텔의 경우 상당히 비싼 주차비를 지불해야 할 수도 있기 때문에 예약 전 반드시 확인해야 한다.

부킹닷컴에서는 상당수의 숙소가 무료 예약·무료 취소 정책을 취하고 있기 때문에 부담 없이 예약할 수 있다. 다만 예약을 할 때 카드 정보를 미리 입력해두어야 하며, 정해진 기간이 지나면 취소가 불가능한 경우도 있기 때문에 예약하기 전에 예약 취소 가능 날짜를 반드시 확인해야 한다. 또한 일부 숙소는 예약금을 미리 결제해야 하는 경우도 있고, 취소하더라도 예약금이 반환되지 않는 경우도 있다. 특히 성수기에 두브로브니크와 같은 유명 관광지의 숙소는 상당한 예약금을 받고, 예약을 취소하더라도 환불이 되지 않는 경우가 많기 때문에 예약 전 반드시 확인하고 신중하게 결정해야 한다.

숙소 예약을 완료하면 예약 확인 메일이 전송되고, 메일에서 '예약 확인서 출력'을 누르면 예약 확인 사항이 담긴 바우처를 출력할 수 있다. 여행을 갈 때 바우처를 출력해서 가는 것을 권장하며, 반드시 현지 언어 혹은 영어로 출력해야 한다.

4. 여행자보험 가입하기

해외여행 전 반드시 가입해야 할 것 중 하나가 바로 여행자보험이다. 큰 비용을 들이지 않고 만약의 일에 대비할 수 있으므로 귀찮다고 생각하지 말고 반드시 가입하도록 하자. 여행자보험은 보험사 홈페이지나 전화로 가입이 가능한데, 개인이 직접 가입하는 경우에는 홈페이지를 이용하는 것이 편리하고, 단체인 경우에는 전화로 가입하는 것이 좋다. 만약 미리 가입하지 못했다면 인천국제공항에서도 여행자보험에 가입할 수 있으니 반드시 출발 전 가입하도록 하자.

여행자보험은 여행중 발생하는 다양한 사고에 대해 보상해준다. 특히 해외에서 병원을 가게 되는 경우 상당히 많은 비용이 청구될 수 있는데 이에 대한 대비가 가능하고, 휴대품의 분실이나 도난·파손에 대한 보상도 가능하다.

　　보상 한도에 따라 보험 가입 금액이 달라지는데, 최근에는 휴대품 분실 및 도난ㆍ파손에 대한 보상 한도가 줄어드는 추세다. 보험을 악용하는 사람들이 늘어나면서 발생하는 문제 때문인데 보험을 악용하는 일은 절대 없어야겠다.

5. 짐 꾸리기

항공편, 숙소 예약만큼이나 중요한 것이 짐 꾸리기다. 여행에 필요한 물품들은 미리 목록을 만들어 체크하면서 챙기는 것을 추천한다. 크로아티아 여행에 필요한 물품 목록은 다음과 같다.

여권: 분실을 대비해 복사본과 여권 사진 2매를 같이 챙긴다.

전자 항공권(E-Ticket): 대부분의 국제선은 전자 항공권이 없어도 여권만으로 항공권 발권이 가능하지만 일부 저가 항공을 이용하는 경우에는 전자 항공권이 필요할 수 있다.

숙소 예약 확인증(바우처): 숙소를 예약한 사이트에서 가급적 영어로 출력한다.

속옷 및 양말: 짐을 줄이려면 2~3일 정도 착용할 양만 챙기고 그때그때 숙소에서 간단히 빠는 것이 좋다. 크로아티아는 건조하기 때문에 햇빛이 드는 곳에 빨래를 널어놓으면 금방 마른다.

계절에 맞는 겉옷: 여름에는 기온이 높지만 자외선 차단을 위해 가급적 긴 바지를 입는 것을 추천한다. 반팔 티셔츠를 입을 때도 팔토시 등으로 피부를 보호해주는 것이 좋다. 가을과 겨울에 여행하는 경우에는 충분히 방한이 되는 옷을 챙기자.

세면도구: 수건은 보통 숙소에서 제공되는 경우가 많지만 만약을 대비해 1~2개 정도 챙긴다.

우산 또는 우비: 해안 지역은 비가 많이 내리므로 꼭 챙기도록 하자.

디지털카메라: 배터리와 충전기는 여분을 준비하고, 메모리도 충분한 용량을 가진 것으로 2~3개 정도 준비한다.

신발: 오래 걸을 것에 대비해 편안한 운동화를 준비한다. 해변에 갈 계획이 있다면 간편히 신을 수 있는 슬리퍼나 아쿠아 슈즈를 준비하는 것도 좋다.

자외선차단제(선크림): 필수 준비물 중 하나다. 햇빛이 강한 크로아티아에서는 하루만 돌아다녀도 피부가 검게 타고 심한 경우 벗겨지기도 한다.

선글라스와 모자: 햇빛이 강한 이유도 있지만 백색의 대리석이나 석회암으로 지어진 건물들 때문에 낮에 더욱 눈이 부시다. 그러므로 선글라스와 햇빛을 차단할 수 있는 모자는 필수다.

6. 환전과 신용카드

크로아티아는 2013년 7월 1일 EU에 가입했다. 그러나 유로존(Eurozone: 유로를 국가통화로 사용하는 세계 2위의 경제 공동체) 가입은 미루는 분위기다. 유로존에 가입한 국가들 중 최근 그리스처럼 경제 위기를 겪는 나라가 많기 때문인 듯하다.

크로아티아에서는 유로와 크로아티아의 화폐 단위인 쿠나를 모두 사용할 수 있다. 그러나 일부 지역이나 상점에서 유로를 받지 않는 일도 있기 때문에 가급적이면 크로아티아 쿠나(kuna; kn)를 환전해서 준비하는 것이 좋다.

유로

크로아티아 쿠나

환전하기

크로아티아 쿠나는 아쉽게도 한국에서 환전이 불가능하다. 따라서 원화를 유로(€)나 달러($)로 먼저 환전한 뒤 크로아티아 현지에 가서 다시 쿠나로 환전해야 한다. 자그레브국제공항이나 시내에 환전소가 위치하고 있어 현지에서 쉽게 환전할 수 있으며, 크로아티아 우체국이나 은행에서도 환전이 가능하다. 보통 환전소보다는 은행과 우체국의 수수료가 조금 더 저렴한 편이다.

크로아티아는 비교적 안전한 국가에 속하지만 소매치기의 위험이 있기 때문에 큰 금액을 환전해서 들고 다니는 것은 추천하지 않는다. 가장 좋은 것은 일정 예산을 그때그때 현금인출기(ATM)에서 인출해서 사용하는 것이다. 크로아티아의 주요 관광지에는 대부분 현지 은행의 ATM이 설치되어 있으므로 조금씩 인출해 사용하는 것을 권장한다. 다만 자신이 가진 신용카드나 현금인출카드가 해외에서 인출이 가능한지 반드시 확인해야 하며, 하루 인출 금액 한도가 정해져 있는 경우도 있으므로 여행 전 한도액이 얼마인지 미리 알아두어야 한다.

자그레브국제공항에 있는 환전소

크로아티아의 ATM

신용카드 사용하기

식당이나 큰 규모의 기념품 가게에서는 신용카드를 사용할 수 있다. 상점을 들어가기 전 입구에 비자(VISA)나 마스터카드(Master Card) 등의 스티커가 붙어 있다면 신용카드 사용이 가능한 곳이라는 의미다. 비자와 마스터카드는 크로아티아에서 가장 널리 사용되는 카드다. 아메리칸 엑스프레스(AMERICAN EXPRESS)나 시러스(Cirrus) 같은 브랜드의 카드는 일부 상점에서 결제가 되지 않을 수도 있으므로 카드를 사용하기 전에 반드시 문의해야 한다.

국내에서 신용카드를 만들면 보통 해외 결제까지 가능한 비자나 마스터카드 브랜드의 신용카드를 만들지만, 일부 카드에 따라서는 해외 결제를 지원하지 않는 것도 있다. 따라서 자신의 카드가 해외 결제가 가능한지 여행 전 확인을 해야 한다. 또한 대부분의 신용카드는 하루 해외 결제 금액 한도가 정해져 있으므로, 신용카드 회사의 홈페이지나 고객센터를 통해 미리 확인하자.

Tip

크로아티아에서 현금과 신용카드 사용하기
현지에서는 신용카드와 현금을 적절히 배분해서 사용하는 것이 좋다. 큰 상점이나 기념품 가게, 식당, 카페 등에서는 대부분 신용카드를 사용할 수 있지만 소규모 상점이나 노점 등에서는 사용할 수 없으며, 유명한 식당에서도 일부는 신용카드를 받지 않는다. 인터넷으로 숙소를 예약한 뒤 현지에서 요금을 결제할 때도 현금만 받는 경우가 있기 때문에(예약시 현금 결제 여부가 표시되어 있음) 미리 현금을 준비해두는 것이 좋다.

7. 휴대전화 로밍하기

자동 로밍 사용하기

사용하고 있는 휴대전화가 3G 이상의 네트워크를 지원하는 휴대전화라면 대부분 자동 로밍을 지원한다. 현지에 도착해 휴대전화의 전원을 켜면 자동으로 현지의 통신사에 접속해 로밍이 되므로 별다른 설정이 필요 없다. 그러나 일부 3G나 2G 휴대전화의 경우에는 자동 로밍이 지원되지 않기 때문에 공항에서 별도의 휴대전화를 임대하거나 로밍 서비스를 신청해야 한다.

자신의 휴대전화가 자동 로밍이 지원되는지 안 되는지 알지 못한다면 인천국제공항 3층에 위치한 국내 3대 통신사의 로밍센터를 방문해 확인할 수 있다. 자동 로밍이 되지 않는 휴대전화는 로밍 신청을 해야 현지에서 통화 수신·발신이 가능하므로 로밍센터에서 반드시 확인하자. 로밍이 되지 않는 휴대전화를 사용하는 사람은 자신이 이용하는 통신사의 로밍센터를 방문해서 휴대전화 로밍 신청을 하면 임대폰을 대여해준다.

자신에게 전화를 거는 사람들을 위해 해외 로밍 안내 방송 서비스 신청을 하는 것도 중요하다. 해외여행중에는 전화를 걸 때뿐만 아니라 받을 때도 상당한 요금이 발생하므로 불필요한 통화를 하지 않기 위해서 안내 방송 서비스는 반드시 필요하다. 대부분의 통신사가 무료로 제공하는 서비스이므로 출국 전 로밍센터에서 꼭 신청하도록 하자.

> **Tip**
>
> **로밍센터 쉽게 이용하기**
> 대부분의 사람들이 인천국제공항 3층 출국장에 위치한 국내 통신사의 로밍센터를 이용한다. 그러다 보니 성수기에는 많은 사람이 몰려 혼잡하고 대기시간도 길어진다. 그러나 출국 심사를 마치고 면세 구역으로 들어서면 또 다른 로밍센터가 있으며, 이곳은 다른 로밍센터에 비해 덜 혼잡하기 때문에 기다리는 시간을 많이 줄일 수 있다. 면세 구역 내 로밍센터는 25·29번 게이트 앞과 탑승동의 119번 게이트 앞에 있다.

데이터 로밍 사용하기

최근 해외여행을 하는 사람들에게 가장 많은 관심을 받고 있는 서비스는 바로 데이터 로밍이다. 스마트폰이 널리 보급되면서 해외에서도 통화보다는 카카오톡이나 페이스북, 트위터 같은 서비스를 이용하는 일이 많고, 여행과 관련된 정보를 검색하기 위해서도 데이터를 사용해야 하기 때문이다.

이전까지는 약간의 데이터만 사용하더라도 수십만 원의 요금 폭탄을 맞을 정도였기 때문에 현지에서는 무조건 데이터 사용 기능을 꺼놓는 것이 필수였지만, 최근에는 각 통신사에서 무제한 데이터 로밍 요금제를 출시한 덕분에 필요한 경우 하루 종일 요금 걱정 없이 데이터를 사용할 수 있게 되었다.

이 서비스를 이용하려면 여행을 떠나기 전 통신사 고객센터로 전화를 걸거나, 인천국제공항의 로밍센터를 방문해서 무제한 데이터 로밍 서비스를 신청하면 된다. 최근에는 스마트폰 고객센터 애플리케이션을 통해서도 신청할 수 있으며, 크로아티아 현지에서도 전화로 신청이 가능하다(신청할 때의 통화 요금은 무료).

무제한 데이터 로밍 서비스는 통신사마다 요금이 다르고, 제공하는 기간을 계산하는 방식도 다소 다르므로 신청 전 반드시 확인해야 한다. 각 통신사별 요금과 적용 시간은 다음과 같다(부가세 별도).

SK텔레콤: 9,000원/일, 현지 수도 시각 기준 0시부터 24시까지를 1일로 계산(서머타임 미적용). 사용하지 않을 경우 요금이 청구되지 않음.

KT: 10,000원/일, 원하는 시간부터 24시간 동안 이용 가능하며 24시간 단위로 신청 가능. 자동 무제한 요금은 해지할 때까지 24시간씩 자동으로 연장됨.

LG유플러스: 10,000원/일, 현지 수도 시각 기준 0시부터 24시까지를 1일로 계산(서머타임 미적용). 사용하지 않을 경우 요금이 청구되지 않음.

SK텔레콤과 LG유플러스는 현지 수도 시각을 기준으로 하며, 서머타임이 적용되지 않는다는 점을 유의해야 한다. 서머타임이 적용되는 시기에 시간을 착각해 하루치 요금을 더 내는 경우도 있기 때문이다.

KT는 원하는 시간부터 24시간 동안 사용 가능한 점이 다른 통신사에 비해 편리하지만, 자동 무제한 요금을 이용하고 귀국 뒤 해지를 하지 않으면 많은 요금이 청구되기도 한다. 따라서 필요한 경우 전화나 고객센터 애플리케이션을 통해 원하는 시간만큼만 사용하는 것이 좋다.

해외 무제한 데이터 로밍 사용시 가장 중요한 점 중 하나는 현지에서 네트워크 사업자를 정확하게 설정하는 것이다. 네트워크 사업사를 '자동'으로 설정해놓으면 현지에서 휴대전화가 자동으로 네트워크를 검색하고 현지 사업자에 접속하게 되는데, 국내 통신사들과 무제한 데이터 로밍 계약을 체결하지 않은 사업자로 접속되는 경우 무제한 데이터가 적용되지 않아 요금 폭탄을 맞을 수도 있기 때문이다. 최근에는 지정된 사업자가 아닌 경우 데이터 로밍을 지원하지 않는 서비스를 제공하기도 하지만, 따로 통신사의 고객센터나 인천국제공항의 로밍센터에서 확인을 해야 한다. 그렇기에 가급적 로밍 사업자를 수동으로 선택해 사용하는 것을 권장한다.

스마트폰 설정에서 '해외 로밍 네트워크 사업자'를 수동으로 선택하고, 자신이 사용하는 통신사에서 지원하는 네트워크 사업자를 정확하게 선택한다. 국내 3대 통신사에서 지원하는 크로아티아 현지 네트워크 사업자는 다음과 같다.

통신사	지정 네트워크 사업자	수동 설정시 표시되는 이름
SK텔레콤	ViPnet	HR ViP(VIP), 219 10
	T-Mobile	T-Mobile, 219 01
	Tele 2	HR Tele 2, HR 219 02
KT	T-Mobile	T-Mobile, 219 01
	Tele 2	HR Tele 2, HR 219 02
LG유플러스	Zone 1	스마트폰 설정에서 로밍 이동 통신사 설정을 'Zone 1'로 수동 설정

무제한 데이터 로밍 신청과 설정이 완료되면 정상적으로 데이터 서비스를 사용할 수 있게 된다. 해외여행에서 데이터 서비스를 사용하는 여행객들이 공통적으로 이야기하는 점 중 하나는 바로 "잘 터지지 않는다."라는 것이다. 해외의 어느 곳이라도 한국만큼 기지국이 촘촘하게 깔려 있는 나라는 없기 때문에 건물 안이나 지하, 대도시를 벗어난 곳에서는 한국처럼 원활하게 데이터 서비스를 이용하기 어렵다. 크로아티아에서도 자그레브와 같은 수도나 일부 관광지를 벗어나면 휴대전화 네트워크

가 아예 2G로 바뀌거나 연결되지 않는 일을 자주 겪는다. 또한 무제한 데이터 로밍을 신청해도 한국처럼 빠른 속도의 4G 서비스가 지원되는 것은 아니기 때문에 사용자의 인내심을 시험하기도 한다.

그럼에도 현지에서 데이터를 요금 걱정 없이 사용할 수 있다는 것은 매우 매력적이다. 여행하면서 촬영한 사진을 바로 카카오스토리나 페이스북에 올려 친구들과 공유할 수 있고, 카카오톡을 통해 바로바로 소식을 주고받을 수 있으며, 페이스타임이나 스카이프, 행아웃 등의 서비스로 음성이나 영상 통화까지 할 수 있다. 숙소나 주변의 유명한 맛집을 검색할 수도 있고 교통 정보나 환율 같은 유용한 정보를 즉시 얻을 수 있다는 장점도 있으므로 스마트폰을 가지고 여행한다면 무제한 데이터 로밍 서비스에 관심을 기울여보자.

크로아티아 현지 통신사의 유심 사용하기

무제한 데이터 로밍 서비스가 과거에 비해 저렴한 요금으로 제공되는 것은 분명하지만, 일주일 정도 여행을 한다면 6~7만 원 정도를 지출해야 하므로 역시 만만한 금액이 아니다. 좀더 저렴한 금액으로 데이터 서비스를 사용하고 싶다면 현지 통신사의 유심을 구입해보는 것도 좋은 방법이다.

크로아티아 현지에서 유심을 구입해 사용할 경우 출국 전 자신의 휴대전화에 '컨트리락'과 '캐리어락'이 걸려 있지 않은지 확인해야 한다. 컨트리락은 휴대전화가 출시된 국가에서만 사용이 가능하도록 제한이 걸려 있는 것이며, 캐리어락은 해당 통신사에서만 사용이 가능하도록 제한이 걸려 있다는 의미다. 크로아티아 현지 유심을 사용하기 위해서는 컨트리락과 캐리어락이 둘 다 해제되어 있어야 하는데, 최근에 나오는 스마트폰은 대부분 해제되어 있기 때문에 현지 유심을 꽂기만 해도 바로 사용이 가능하다. 하지만 예전에 나온 스마트폰은 컨트리락이나 캐리어락이 걸려 있는 경우가 있으므로 출국 전 자신이 사용하는 통신사의 대리점에 방문해서 확인해야 한다.

한국처럼 크로아티아도 도시 곳곳에 현지 통신사의 대리점이 있다. 크로아티아에는 ViP, T-Mobile, Tele 2의 3개 통신사가 있으며 대리점에서 통화와 데이터를 사용할 수 있는 선불 유심 구입이 가능하다.

선불 유심에는 두 종류가 있다. 일정한 금액이 충전되어 있고 통화나 데이터를 사용할 때마다 금액이 빠져나가는 것과, 일정한 금액을 내고 구입하면 일정한 시

크로아티아 통신사의 대리점

간의 통화와 데이터 사용량을 제공하는 것이다. 전자의 경우 해당 통신사의 홈페이지나 대리점, 혹은 티삭(TISAK)과 같은 곳을 통해서 추가로 금액을 충전해 사용할 수 있다.

일반적으로는 유심을 장착만 해도 바로 사용이 가능하지만 일부 스마트폰의 경우에는 별도의 설정이 필요한 경우도 있다. 현지 대리점에 부탁하면 설정을 해주기도 하는데, 스마트폰의 메뉴가 한글로 되어 있다면 현지에서 도움을 받기 어렵기 때문에 일단 스마트폰 메뉴를 영문으로 바꾼 뒤 도움을 요청하는 것이 좋다.

유심에 따라서 제공되는 데이터의 양이나 통화 시간이 천차만별이기 때문에 구입 전 매장 직원에게 반드시 확인하는 것이 좋다. 그리고 자그레브국제공항에서는 우체국에서 유심 구입이 가능한데, 설정할 때 도움을 받기 어려울 수 있으므로 가급적이면 자그레브 시내의 통신사 대리점을 방문해서 유심을 구입하는 것을 권장한다.

Tip

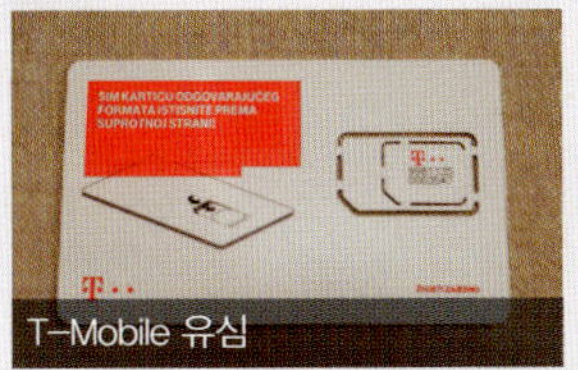

T-Mobile 유심

유심 장착하기

스마트폰 전원을 끈 뒤 기존의 유심을 제거하고 구입한 유심을 장착하면 된다. 전원을 켜면 보통 유심 PIN 번호를 입력하라는 화면이 나오는데, 구입한 유심을 떼어낸 명함 크기의 플라스틱 판에 유심 PIN 번호가 적혀 있다. 이 번호를 입력하면 유심이 활성화되어 제공하는 서비스를 사용할 수 있다.

유심 사용시 주의할 점

현지에서 유심을 구입해 끼운다면 한국에서 자신의 휴대전화 번호로 걸려오는 전화를 받을 수 없다. 만약 전화를 반드시 받아야 할 상황이라면 현지에서 유심을 구입해 사용하는 것보다 필요한 날에만 데이터 무제한 로밍 요금제를 사용하는 것이 좋다.

8. 면세점 이용하기

해외여행객은 국내의 각 국제공항에 위치한 면세점을 이용할 수 있는데, 인천국제공항의 면세점은 세계적인 규모로 매우 다양한 상품을 취급하고 있어 여행객들의 마음을 설레게 하는 장소이기도 하다.

2014년 9월 5일 관련법이 개정되면서 해외여행객의 휴대품 면세 한도가 600달러로 늘어났다(출국할 때 구입 가능한 면세품의 한도는 여전히 3천 달러). 입국할 때 휴대할 수 있는 현지 구입 면세품의 한도가 다소 늘어난 것은 쇼핑을 좋아하는 여행객들에게는 희소식이다.

면세품은 출국 전 시내의 주요 면세점에서도 구입이 가능한데, 시내의 면세점을 이용할 경우에는 반드시 여권을 지참해야 하며 출국 항공편 이름과 출발 시간을 정확하게 알고 있어야 한다. 시내의 면세점에서 구입한 물건은 출국 심사를 마친 후 면세 구역의 면세품 인도장에서 받을 수 있다. 구입한 면세품은 목적지에 도착한 후 포장을 뜯어야 하는 것이 일반적이므로 미리 포장을 뜯지 않도록 주의해야 한다.

모든 여행에서 가장 중요한 것은 알찬 일정을 짜는 것이다. 시간을 낭비하지 않으면서 이동하고 많은 것을 볼 수 있도록 하는 것이 가장 좋은 일정이지만, 욕심 때문에 무리한 일정을 짜게 되면 힘든 기억만 남는 여행이 될 수도 있다.

특히 크로아티아는 한국에서 직항으로 운행하는 항공편이 없고, 남북으로 긴 형태의 영토를 가지고 있어 도시 간 이동 시간이 길어질 수 있기 때문에 일정을 만드는 데 좀더 신경을 써야 한다.

크로아티아만 돌아보는 여행이라면 일반적으로 7~10일 정도의 일정을 짜는 것이 가장 적당하다. 그러나 주변 국가를 좀더 돌아보고 싶은 경우에는 2주 정도의 일정을 계획하면 충분할 것이다.

자그레브는 크로아티아의 수도이지만 관광 명소가 시내에 집중되어 있기 때문에 시간을 많이 할애하지 않아도 된다. 대신 크로아티아 여행의 핵심이라고 할 수 있는 두브로브니크에서는 최소 2박, 여유가 있다면 3박 정도를 하는 것이 좋다.

렌터카를 이용하지 않는 경우에는 대부분 버스를 이용해서 이동하게 되는데, 일정을 너무 빡빡하게 짜놓으면 여행 중간에 변수가 생겼을 때 제대로 대처하지 못할 수 있다. 자그레브, 플리트비체 호수 국립공원, 자다르, 스플리트, 두브로브니크의 핵심 포인트를 우선적으로 생각해 일정을 만들고, 시간 여유가 있는 경우 주변의 작은 도시나 명소를 돌아보는 방법으로 여유 있게 일정을 배치하는 것이 필요하다.

필자가 추천하는 크로아티아 자유여행 일정을 차례로 알아보자.

자그레브
플리트비체 호수 국립공원
자다르
크르카 국립공원
시베니크
프리모스텐
트로기르
스플리트
모스타르
흐바르
두브로브니크

7박 8일 일정

(자그레브 In-자그레브 Out)

☑ **1일차** • 인천국제공항 출발 – 자그레브 도착 및 간단한 시내 관광

☑ **2일차** • **오전:** 자그레브 시내 관광 | **오후:** 플리트비체 호수 국립공원으로 이동

☑ **3일차** • **오전:** 플리트비체 호수 국립공원 트레킹 | **오후:** 자다르로 이동 후 저녁에 시내 관광

☑ **4일차** • **오전:** 자다르 시내 관광 | **오후:** 스플리트로 이동 후 저녁까지 시내 관광

☑ **5일차** • **오전:** 스플리트 시내 관광 | **오후:** 두브로브니크로 이동 후 시내 관광

☑ **6일차** • **전일:** 두브로브니크 관광

☑ **7일차** • **오전:** 두브로브니크 공항에서 국내선 항공을 이용해 자그레브로 이동

　　　　　오후: 자그레브에서 비행기 탑승 뒤 인천국제공항 도착(기내 1박)

7박 8일 코스는 크로아티아의 핵심적인 주요 관광지들을 대부분 돌아볼 수 있는 가장 무난한 코스다. 버스와 같은 대중교통을 이용하는 경우에도 충분히 이동 시간을 확보하면서 일정을 소화할 수 있다. 자그레브부터 두브로브니크까지 각 도시에서 1박씩만 하면서 이동해야 하므로 다소 피곤하게 느껴질 수 있다는 것이 단점이기도 하다.

매일 버스로 이동해야 하는 일정이므로 짐을 최대한 가볍게 싸는 것이 좋다. 그리고 마지막 날 두브로브니크에서 자그레브까지는 국내선 항공편을 이용해야 하므로 미리 티켓을 예약해놓아야 한다. 국내선의 경우 체크인을 할 때 부칠 수 있는 짐의 무게가 15kg으로 국제선(23kg)에 비해 얼마 되지 않기 때문에 무거운 짐을 휴대하면 많은 추가 요금을 부담해야 한다.

직장인들의 경우 휴가를 내더라도 월~금요일까지 5일 이상 연속으로 내기는 어렵기 때문에 앞뒤로 주말을 붙이면 최대 9일 정도는 시간을 낼 수 있고, 그럴 경우 7박 8일 일정이 가장 무난하게 크로아티아를 돌아볼 수 있는 일정이다.

9박 10일 일정 ①

(플리트비체 호수 국립공원 트레킹 중심)

☑ **1일차** • 인천국제공항 출발 – 자그레브 도착 및 관광

☑ **2일차** • **오전:** 자그레브 관광 | **오후:** 플리트비체 호수 국립공원으로 이동

☑ **3일차** • **전일:** 플리트비체 호수 국립공원 트레킹

☑ **4일차** • **오전:** 자다르로 출발 | **오후:** 자다르 관광

☑ **5일차** • **오전:** 스플리트로 출발 | **오후:** 스플리트 관광

☑ **6일차** • **오전:** 흐바르 섬으로 출발 | **오후:** 흐바르 섬 관광

☑ **7일차** • **오전:** 스플리트로 출발 후 스플리트에서 두브로브니크로 이동

         오후: 두브로브니크 관광

☑ **8일차** • **전일:** 두브로브니크 관광

☑ **9일차** • **오전:** 두브로브니크에서 자그레브까지 국내선 항공으로 이동

         오후: 자그레브에서 비행기 탑승 후 인천국제공항 도착(기내 1박)

9박 10일의 일정을 잡는다면 조금 더 여유 있게 크로아티아를 돌아볼 수 있다. '죽기 전에 꼭 한 번 봐야 할 곳'으로 손꼽히는 플리트비체 호수 국립공원의 모습을 천천히 즐기고 싶은 사람이라면 하루를 모두 트레킹에 할애하는 것도 좋은 방법이다. 또한 7박 8일 일정일 경우 다녀오기가 다소 까다로운 흐바르 섬에서 1박을 하면서 낮과 밤의 풍경을 골고루 즐겨보는 것도 추천할 만한 일정 중 하나다.

9박 10일 일정 ②
(트로기르 · 시베니크 둘러보기)

☑ **1일차 •** 인천국제공항 출발 – 자그레브 도착

☑ **2일차 • 오전:** 자그레브 관광 **| 오후:** 플리트비체 호수 국립공원으로 이동

☑ **3일차 • 오전:** 플리트비체 호수 국립공원 트레킹 **| 오후:** 자다르로 이동 후 관광

☑ **4일차 • 오전:** 자다르 관광 **| 오후:** 시베니크 이동 후 관광, 트로기르로 이동

☑ **5일차 • 오전:** 트로기르 관광 **| 오후:** 스플리트로 이동 후 시내 관광

☑ **6일차 • 오전:** 스플리트 시내 관광 **| 오후:** 흐바르 섬으로 이동

☑ **7일차 • 오전:** 흐바르 섬 관광 후 스플리트로 이동

　　　　오후: 스플리트 관광 후 두브로브니크로 이동

☑ **8일차 • 전일:** 두브로브니크 관광

☑ **9일차 • 오전:** 두브로브니크에서 자그레브까지 국내선 항공으로 이동

　　　　오후: 자그레브에서 비행기 탑승 후 인천국제공항 도착(기내 1박)

9박 10일의 일정이 가능하다면 달마티아 지방에 있는 작은 도시들을 둘러보는 것도 좋다. 플리트비체에서의 일정을 줄이는 대신 시베니크와 트로기르를 볼 수 있는데, 두 도시 모두 그리 크지 않아 3~4시간 정도면 충분히 돌아볼 수 있다. 다소 빡빡할 수 있지만 자다르에서 이동해 시베니크를 잠시 보고 트로기르까지 내려와서 숙박을 하는 것도 좋은 방법이 될 수 있다. 트로기르는 스플리트에서 거리가 가깝기 때문에 다음 날 스플리트로 이동하는 데 다소 여유를 가질 수 있고, 서두르면 스플리트 관광에 좀더 많은 시간을 할애할 수 있기 때문이다.

11박 12일 일정

(렌터카 이용)

☑ **1일차** • 인천국제공항 출발 – 자그레브 도착

☑ **2일차** • **오전:** 자그레브 관광 | **오후:** 렌터카 수령 후 플리트비체 호수 국립공원으로 이동

☑ **3일차** • **오전:** 플리트비체 호수 국립공원 트레킹 | **오후:** 자다르로 이동 후 관광

☑ **4일차** • **오전:** 자다르 관광 후 크르카 국립공원으로 이동 | **오후:** 시베니크로 이동 후 관광

☑ **5일차** • **오전:** 프리모스텐으로 이동 후 관광, 다시 트로기르로 이동 후 관광

　　　　　 오후: 스플리트로 이동 후 관광

☑ **6일차** • **오전:** 스플리트 관광 | **오후:** 스플리트에서 흐바르 섬 스타리 그라드로 이동 후 다시

　　　　　 차량으로 흐바르 시까지 이동, 관광

☑ **7일차** • **전일:** 흐바르 섬 관광 후 흐바르 시에서 수쿠라이로 이동, 다시 드르베니크까지 페리

　　　　　 로 이동 후 두브로브니크까지 이동

☑ **8일차** • **전일:** 두브로브니크 관광

☑ **9일차** • **오전:** 두브로브니크에서 모스타르로 이동 후 | **오후:** 관광 후 다시 두브로브니크로 이동

☑ **10일차**• **오전:** 두브로브니크 공항에서 렌터카 반납, 국내선 항공을 이용해 자그레브로 이동

　　　　　 오후: 자그레브에서 비행기 탑승 후 인천국제공항 도착(기내 1박)

크로아티아를 구석구석 돌아보고 싶다면 렌터카를 빌려 여행하는 것이 가장 좋다. 크로아티아는 도로 사정이 좋은 편이고 차량도 많지 않아 운전하기에 상당히 편하다. 1~2명 정도만 여행을 하는 경우라면 렌터카를 빌리는 것이 다소 부담스럽겠지만 일행이 3명 이상이라면 렌터카를 이용하는 것이 더 효율적일 뿐만 아니라 대중교통에 비해 가격도 그리 비싸지 않다.

특히 플리트비체 국립공원에서 출발해 달마티아 지방 쪽으로 들어서면 해변에 있는 매력적인 도시들을 많이 만나게 된다. 버스를 이용할 경우 중간중간 들르기가 쉽지 않지만 렌

터카가 있으면 짐을 가지고 다닐 필요 없이 빠르게 돌아볼 수 있다는 장점이 있으므로 이러한 점을 적극 활용해보자.

사진 촬영을 즐기는 사람에게는 렌터카가 더욱 매력적인 교통수단이다. 이동하면서 멋진 풍경을 만나게 된다면 바로 차를 세우고 사진을 촬영할 수 있기 때문이다. 너무나 당연한 이야기이지만 고속도로에 차를 세우거나 일반 도로의 갓길에 무단으로 주차를 하는 것은 매우 위험한 일이므로 절대 금해야 한다.

1. 출국 절차(인천국제공항 출발 기준)

출국하기

크로아티아로 가기 위한 대부분의 국제 항공 노선은 인천국제공항에서 출발한다. 인천국제공항에는 대중교통과 자가용, 혹은 공항 철도를 이용해 갈 수 있다.

버스: 서울을 비롯한 수도권 지역에서는 공항 리무진 버스를 이용해 인천국제공항에 쉽게 갈 수 있다. 지방에서도 인천국제공항까지 직행으로 운영되는 리무진 버스가 있으나 자주 운행되지 않으므로 시간을 반드시 확인해야 한다. 각 지역에서 인천국제공항까지 운행되는 리무진 버스의 노선과 시간표는 인천국제공항 홈페이지(www.airport.kr)의 교통/주차 메뉴에서 확인이 가능하다.

공항 철도: 서울 및 수도권의 지하철과 연계되어 있는 공항 철도를 이용하면 좀더 저렴하게 인천국제공항까지 갈 수 있다. 노선과 운행 시간표는 코레일 공항철도 홈페이지(www.arex.or.kr)를 참조하면 된다.

KTX: 최근 서울역을 경유해 인천국제공항까지 직통으로 운행되는 KTX 노선이 신설되었다. 부산에서 출발하는 경부선은 하루 6회, 광주에서 출발하는 호남선은 하루 1회 운행된다. 자주 운행되지 않기 때문에 서울역에서 공항 철도를 이용하는 것이 좀더 효율적이다. 자세한 운행 시간과 요금은 코레일 홈페이지(www.letskorail.com)를 참조하면 된다.

자가용: 인천국제공항에는 자가용을 이용하는 여행객을 위한 단기·장기 주차장이 마련되어 있다. 요금은 단기 주차장의 경우 평일에는 1일에 1만 2천 원, 주말에는 1만 4천 원이며, 장기 주차장의 경우 평일에는 1일에 8천 원, 주말에는 9천 원이다. 장기 주차장은 인천국제공항 여객터미널과 다소 떨어져 있어 셔틀버스가 운행되며 실내인 단기 주차장과 달리 실외에 있다.

인천국제공항 3층 출국장 앞에서는 주차대행 서비스가 제공된다. 혼자서 차를 가지고 갔을 때 이 서비스를 이용하면 매우 편리하다. 주차대행 요금은 일반 차량의 경우 1만 5천 원, 경차는 1만 원이다. 그리고 주차된 기간에 따라 청구되는 주차비는 장기 주차장 요금과 동일한데, 귀국 후 차를 찾는 과정에서 후불로 지불하면 된다. 주차대행 서비스를 이용하는 경우 실외인 장기 주차장에 주차하므로 비나 눈을 맞을 수 있다는 점은 감안해야 한다. 공식 주차대행 서비스 업체가 아닌 곳에 주차를 맡겼다가 차가 손상되는 등 심각한 문제가 발생할 수도 있으므로 반드시 공식 주차대행 업체를 이용하자. 3층 출국장 앞의 오렌지색 유니폼을 착용한 사람들이 공식 주차대행 서비스 직원이다.

어떤 교통수단을 이용하는 게 좋을까?
해외여행을 할 때 체크인부터 출국 수속까지 시간이 오래 걸릴 수 있기 때문에 비행기 출발 시간 3시간 전에는 공항에 도착하는 것이 좋다. 면세점에서 쇼핑을 할 계획이라면 좀더 넉넉한 시간을 두고 공항에 도착해야 한다. 시간에 맞게 도착하는 가장 좋은 방법은 정시에 운행되는 공항 철도를 이용하는 것이다. 자가용이나 버스를 이용하는 경우에는 교통 체증 등으로 인해 도착 시간이 상당히 늦어질 수 있다.

탑승 수속

공항에 도착하면 먼저 탑승 수속을 해야 한다. 각 항공사마다 탑승 수속을 위한 카운터의 위치가 다른데, 3층 출국장에 들어서면 보이는 운항정보 안내 모니터를 통해 항공사의 카운터 위치를 파악할 수 있다.

대한항공은 새벽 6시 10분, 아시아나항공은 새벽 6시 15분부터 카운터를 운영하지만 외국 항공사는 보통 출발 2~3시간 전에 업무를 개시하므로 공항에 일찍 도착했다고 해서 바로 탑승 수속을 할 수 있는 것은 아니다.

탑승 수속 전 기내에 반입할 짐을 다시 한 번 확인하자. 액체나 스프레이, 젤류는 100ml 이하의 개별 용기에 담을 경우에만 기내 반입이 가능하므로 가급적 위탁 수하물로 부치는 것이 좋다. 무기로 사용할 수 있는 과도, 커터 칼이나 날의 길이가 6cm를 초과하는 가위 등도 기내 반입 금지 품목이다. 기존에 반입이 금지되었던 손톱깎이나 우산은 2014년 1월 1일부터 기내 반입이 가능해졌다. 하지만 파손의 우려가 있는 물건을 제외한 대부분의 짐은 가급적 여행용 캐리어에 넣어 위탁 수하물로 부치는 것이 좋다.

항공사마다 조금씩 다르지만 캐리어와 같은 위탁 수하물은 보통 1인당 1개, 최대 무게 23kg 정도로 제한된다. 그러나 크로아티아의 국내선 항공을 이용하는 경우에는 부칠 수 있는 위탁 수하물의 무게가 15kg으로 제한된다는 점을 감안해서 기내로 반입할 짐과 부칠 짐을 적당히 분배해서 잘 꾸리는 것이 좋다.

탑승 수속이 시작되면 카운터에 여권을 제출한다. 항공권을 예매하면 보통 이메일로 예약확인증을 받지만 인천국제공항에서 탑승 수속을 할 때는 대부분 확인증 없이 여권만 있어도 항공권 발권이 가능하다. 그러나 크로아티아 현지에서 출국할 때를 대비해 예약확인증은 반드시 출력해 가지고 있는 것이 좋다.

병역 의무를 마치지 않은 사람인 경우 병무청에 국외여행 허가 신청을 해야 한다. 각 지역의 지방 병무청을 방문하거나, 병무청 홈페이지(www.mma.go.kr)에서 신청할 수 있다.

고가의 귀중품을 소지하고 출국하는 경우 출국 수속 전 휴대 물품 반출 신고서를 작성해야 한다. 또한 1만 달러 이상의 외환 소지자의 경우에도 세관 신고 대상이다.

인천국제공항에는 총 4개의 출국 심사장이 있다. 평소에는 그리 붐비지 않기 때문에 대기시간도 길지 않지만, 여행객이 많아지는 성수기에는 출국 심사장 입구로 길게 늘어서 있는 줄을 쉽게 볼 수 있다. 비행기 출발 시간이 임박해서 출국 심사장으로 향하지 말고 시간 여유를 두고 미리 출국 심사를 받자.

출국 수속은 엑스레이(X-ray)를 이용한 보안 검색과 출국 심사로 나뉘어져 있다. 보안 검색은 기내에 반입하는 물품을 점검하는 것인데, 순서가 되면 보안 검색대 앞에 있는 플라스틱 바구니에 휴대한 짐을 모두 담아야 한다. 노트북을 휴대한 경우에는 가방에서 꺼내 바구니에 별도로 담아야 하며, 주머니에 있는 동전이나 자동차 키, 휴대전화 같은 금속 물질도 모두 꺼내서 바구니에 넣어야 한다. 금속이 붙은 허리띠를 차고 있다면 역시 풀어서 바구니에 넣는 것이 좋다.

보안 검색을 통과하면 바로 출국 심사대로 향한다. 여권과 탑승권을 제시하면 간단히 출국 확인을 받을 수 있으며, 자동 출입국 심사를 신청한 사람은 자동 출입국 심사대에서 여권을 이용해 간단히 출국 심사를 마칠 수 있다.

자동 출입국 심사

항공편으로 해외여행을 하는 대한민국 국민은 모두 출국 심사를 거쳐야 한디. 여권과 비행기 표를 제시하면 간단하게 출국 심사를 받을 수 있지만, 사전에 자동 출입국 심사 등록을 하게 되면 더욱 간편하게 출국·입국을 할 수 있으며 특히 성수기에 귀국할 경우 입국 심사를 기다리지 않아도 된다.

인천국제공항 3층 출국장의 F 구역에 법무부 자동 출입국 심사 등록 센터를 방문하면 자동 출입국 심사를 등록할 수 있으며, 이후에는 번거로운 출입국 절차를 거치지 않고 전자 여권과 지문 스캔만으로 출입국 수속을 마칠 수 있다. 해외여행을 자주 다니는 사람이라면 인천국제공항을 방문했을 때 자동 출입국 심사 등록을 해놓는 것을 추천한다.

자동 출입국 심사 등록 센터는 쉬는 날 없이 오전 7시부터 오후 7시까지 12시간 동안 운영된다. 등록을 위해서는 유효기간이 남아 있는 여권과 주민등록증을 지참해야 한다. 자동 출입국 심사를 등록했더라도 일반 출입국 심사대를 거쳐 출국·입국하는 것 역시 가능하다.

비행기 탑승

출국 수속을 마치면 면세 구역에서 쇼핑을 하거나 식사를 하면서 시간을 보낼 수 있는데, 적어도 비행기 출발 시간 30분 전까지는 지정된 탑승 게이트 앞에 도착해야 한다. 게이트 1~50번은 여객터미널에서 바로 비행기 탑승이 가능하지만 게이트 101~132번은 셔틀 트레인을 타고 별도의 탑승동으로 이동해야 한다. 셔틀 트레인을 기다리고 탑승하는 시간까지 감안해야 하므로 충분한 시간 여유를 가지고 이동하자.

비행기 탑승이 시작되면 입구의 직원에게 항공권과 여권을 제시하고 탑승한다. 보통 뒤쪽의 좌석부터 탑승하게 된다.

2. 입국 절차

항공편을 이용해 크로아티아로 입국하는 사람의 대부분은 자그레브나 두브로브니크 국제공항을 이용하게 된다. 인천국제공항과 비교하면 상당히 크기가 작기 때문에 길을 잃을 걱정은 하지 않아도 된다.

크로아티아 입국을 위해서는 입국 심사를 받아야 한다. 'Passport Control'이라고 적혀 있는 곳에서 입국 심사를 받는데, 'EU/Non EU' 국민을 위한 심사대가 따로 있으므로 대한민국 국민은 'Non EU'라 적힌 심사대로 가면 된다.

크로아티아는 한국과 무비자 협정을 맺고 있어 90일 이내의 관광이 목적인 방문은 비자 없이 입국이 가능하다. 입국 심사대에서는 대부분 여권과 얼굴을 확인한 뒤 입국 도장을 찍어주지만 간혹 여행의 목적이나 기간, 목적지 등을 물어보는 경우도 있다. 당황하지 말고 "Sightseeing." "1 week." "두브로브니크." 등으로 간단하게 대답하면 된다.

입국 심사를 마치고 입국 심사대를 통과하면 위탁 수하물을 찾으러 가야 한다. 위탁 수하물을 찾는 장소는 'Baggage Claim'이라 쓰여 있는 표지판을 따라 가면 되고, 모니터에서 항공편 이름과 그 옆의 번호를 확인하면 된다. 짐을 찾고 면세 범위를 초과한 물품을 가지고 있지 않다면 그냥 출구로 나간다.

3. 자그레브국제공항에서 시내로 들어가기

자그레브에 가는 방법은 비행기, 열차, 버스 등 크게 3가지로 나눌 수 있다. 일반적으로는 한국에서 자그레브까지 항공편을 이용하는 경우가 많으므로 자그레브국제공항에서 시내로 들어가는 방법을 소개한다.

자그레브국제공항은 자그레브 중심부에서 남동쪽으로 약 17km 떨어져 있다. 국제선의 출국과 입국이 모두 한 층에서 이루어지며, 크기가 작기 때문에 동선도 짧은 편이다. 공항에는 관광 안내소, ATM, 환전소, 카페, 레스토랑, 짐 보관소, 렌터카 서비스 등 편의시설이 갖춰져 있다.

자그레브국제공항

◆ **주소:** Ulica Rudolfa Fizira 1, 10150 Zagreb

◆ **전화번호:** +385 1 4562 222

◆ **홈페이지:** www.zagreb-airport.hr

자그레브국제공항의 관광 안내소

관광 안내소에서는 자그레브 시내의 지도나 교통 정보 등을 얻을 수 있는데, 처음 도착해서 어떻게 이동해야 할지 막막하다면 관광 안내소에서 도움을 받아보자.

자그레브국제공항 관광 안내소

◆ **운영 시간:** 월~금요일 09:00~21:00, 토~일요일 10:00~17:00

공항의 크기가 작기 때문에 처음 가본 사람이라도 자그레브국제공항에서 나와 시내까지는 쉽게 이동할 수 있다. 주로 이용하는 교통수단은 공항버스와 택시다.

공항버스 이용하기

자그레브국제공항에서 시내로 들어가기 위한 가장 편한 교통편은 공항버스(Pleso Prijevoz)다. 공항에서 나오면 공항버스를 타는 곳을 쉽게 찾을 수 있다. 운행 관련 정보와 표 구입에 대해서는 홈페이지를 참조하면 된다.

공항버스

◆ **운행 시간:** 07:00~20:00(30분 간격 운행. 계절에 따라 변동되므로 자세한 것은 공항버스 홈페이지 참조. 자그레브 버스 터미널에서 자그레브국제공항으로 가는 버스는 04:30~20:30 운행)

◆ **소요시간:** 자그레브 버스 터미널까지 30분

◆ **요금:** 편도 30kn(표는 홈페이지에서 구입하거나 버스 기사에게서 직접 구입)

◆ **홈페이지:** www.plesoprijevoz.hr

택시 이용하기

함께 다니는 인원이 많다면 택시를 이용하자. 보통 시내에 있는 호텔까지 150~200kn 정도면 갈 수 있으므로 4명 이상이라면 공항버스 요금과 트램 요금, 이동 거리 등을 생각했을 때 택시를 타는 것이 효율적이다. 자그레브국제공항을 나오면 택시가 줄지어 서 있는 택시 정류장이 보인다.

인터넷이나 전화를 이용해 미리 택시를 예약하는 것도 가능하다. 예약을 하면 택

시 운전사가 이름이 적힌 종이를 들고 공항으로 픽업을 나온다. 온라인으로 예약이 가능한 에코 택시의 경우 기본요금은 8.80kn, 1km당 6.00kn가 부과되며, 대기를 하는 경우 시간당 43.00kn가 부과된다. 이름과 이메일, 전화번호, 목적지와 승객 수, 도착 시간 등을 홈페이지에서 입력하는 것만으로 쉽게 예약이 가능하며, 자그레브와 그 인근 지역에 서비스를 제공한다. 라디오 택시는 공항 입구에서 쉽게 탑승이 가능하며, 기본요금은 10.00kn, 1km당 6.00kn의 요금이 부과된다. 에코 택시는 짐에 대한 별도의 요금이 없지만, 다른 택시 회사의 경우 요금을 받을 수도 있으므로 탑승 전 확인해야 한다.

에코 택시(EKO TAXI)

◆**전화번호:** 060 77 77 또는 1414

◆**홈페이지:** www.ekotaxi.hr

라디오 택시(RADIO TAXI)

◆**전화번호:** +385 1 6600 671 또는 1717

◆**홈페이지:** www.radiotaxizagreb.com

4. 기차나 버스를 이용해 자그레브로 들어오기

주변의 유럽 국가를 여행하다가 자그레브로 들어오거나 혹은 자그레브에서 주변 국가로 이동하고자 하는 경우 가장 편리한 교통수단이 기차와 버스다. 기차는 자그레브 중앙역에서, 버스는 자그레브 버스 터미널에서 이용할 수 있다.

기차 이용하기

자그레브 중앙역은 자그레브에 유일하게 있는 기차역으로, 이곳에서 국제선이나 국내선을 모두 탑승할 수 있다. 크로아티아 내의 도시로 이동하고자 하는 경우에는 주로 버스를 이용하는 경우가 많지만 외국까지 장시간 이동을 하는 경우에는 기차를 이용하는 것이 훨씬 편리하다. 자그레브에서 기차로 갈 수 있는 주변 국가의 주

요 도시들은 독일의 뮌헨, 오스트리아의 빈, 보스니아의 사라예보, 세르비아의 베오그라드, 헝가리의 부다페스트, 슬로베니아의 류블랴냐, 이탈리아의 베네치아 등이 있다. 크로아티아 국내선의 경우 스플리트까지만 기차가 운행된다.

역 내에는 관광 안내소, 환전소, 짐 보관소, ATM, 카페 등이 있다. 반 옐라치치 광장과는 6번과 13번 트램으로 연결되며 약 1km 정도 떨어져 있어 도보로도 이동할 수 있다. 호텔이나 호스텔 등 주요 숙박 시설이 역에서 옐라치치 광장 사이에 집중되어 있으므로 중앙역 인근에 숙소를 잡는 것도 좋은 방법 중 하나다.

자그레브 중앙역(Zagreb Glavni Kolodvor)

◆**주소:** Trg kralja Tomislava 12, 10000, Zagreb

◆**홈페이지:** www.hznet.hr

◆**전화번호:** 060 333 444

Tip

무인 짐 보관소 이용하기

관광 안내소와 환전소 안내 표지판이 보이고, 건물 안으로 들어가면 무인 짐 보관소가 있다. 무인 짐 보관소에서는 지정된 요금만큼 동전을 넣고 짐을 보관할 수 있다.

버스 이용하기

자그레브 버스 터미널에서는 크로아티아 국내외의 많은 도시를 연결하는 노선이 운행된다. 크로아티아를 처음 여행하는 관광객의 경우 보통 이곳에서 버스를 타고 다른 도시로 이동하는 경우가 많고, 자그레브국제공항에서 버스를 타고 시내로 들어오는 경우에도 공항버스가 이곳에 정차하기 때문에 한 번쯤은 꼭 방문하게 되는 장소라고 봐도 무방하다. 터미널 앞에서 6번 트램에 탑승하면 옐라치치 광장까지 한 번에 이동할 수 있으며, 자그레브 중앙역까지 이동하기 위해서는 2번과 6번 트램에 탑승하면 된다.

매표소는 2층에 있으므로 먼저 2층에서 가고자 하는 도시와 시간을 확인한 후 표를 구입해야 한다. 인포메이션 부스가 따로 있으므로 이곳에서 가고자 하는 도시의 이름을 이야기하면 출발 시간과 요금을 안내해준다. 버스를 타기 위해서는 지정된 플랫폼으로 다시 내려가야 한다.

현장에서 표를 구입할 경우 발권 수수료 때문에 약간 더 비쌀 수 있으므로 미리 여행 계획을 세운 사람이라면 인터넷으로 예약을 하는 것도 좋은 방법이다. 자그레브 버스 터미널 홈페이지에서 표를 예약할 수 있다.

자그레브 버스 터미널(Autobusni Kolodvor Zagreb)

◆ **주소:** Avenija Marina Držića 4, 10000, Zagreb

◆ **전화번호:** +385 1 6008 677

◆ **홈페이지:** www.akz.hr

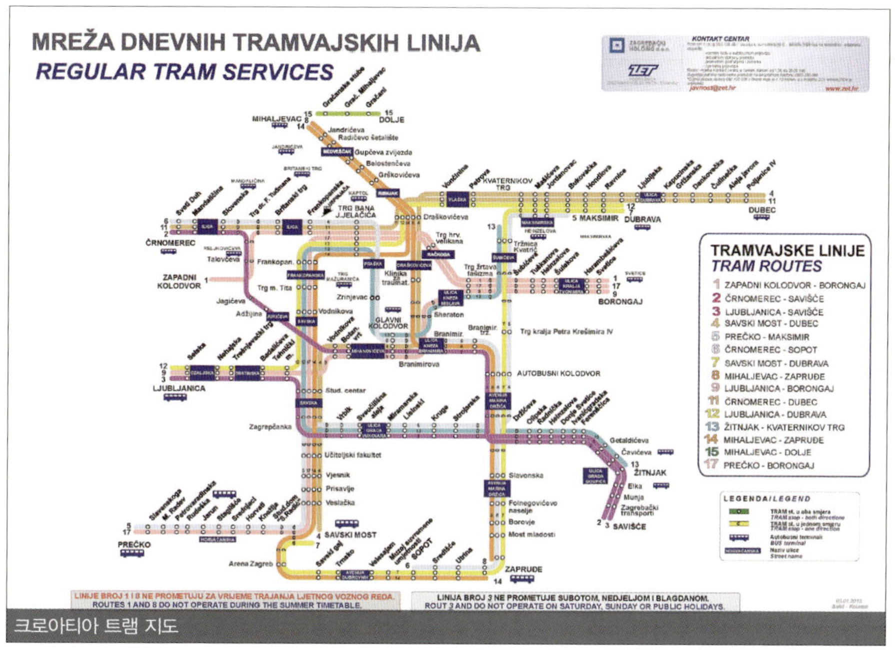

크로아티아 트램 지도

자그레브 버스 터미널은 시내의 중심이라고 할 수 있는 반 옐라치치 광장에서 약 2km 정도 떨어져 있다. 도보로 이동할 수 있지만 생각보다 거리가 멀게 느껴지기 때문에 가급적이면 대중교통을 이용하는 것이 좋다. 자그레브의 가장 대표적인 교통수단이라 할 수 있는 트램을 이용하면 되는데, 자그레브 버스 터미널 앞에서 취르노메츠(Črnomerec) 방향으로 6번 트램을 타면 광장까지 한 번에 갈 수 있다.

트램은 자그레브 시내에서 주요 관광지로 이동하기에 가장 적당한 대중교통 수단이다. 자그레브의 트램은 1891년부터 운영되었으며 현재 총 15개 노선의 주간 노선과 4개의 심야 노선이 운행되고 있다.

트램 표는 티삭(TISAK: 한국의 신문 가판대 같은 곳)에서 구입할 수 있으며, 1회용 탑승권의 요금은 10kn(심야 트램은 15kn), 1일용은 30kn, 3일용은 70kn다. 차장에게서 표를 직접 구매할 수도 있는데, 1회용 표만 구매가 가능하며 요금은 15kn로 티삭에서 사는 것에 비해 다소 비싸다. 1회용 표의 경우 한 번 탑승하면 90분 동안 자그레브의 모든 트램 노선의 탑승과 환승이 가능하다. 1일용 표는 24시간 동안 횟수와 노

역 앞의 트램 정류장

6번 트램

자그레브의 트램 티켓

트램 티켓을 살 수 있는 티삭

선 길이에 상관없이 무제한으로, 3일용 표는 72시간 동안 무제한 이용이 가능하다. 1일용 표와 3일용 표 이용 시간은 트램에 탑승해 검표기에 표를 집어넣은 순간부터 24시간 혹은 72시간이다.

자그레브의 주요 포인트는 반 옐라치치 광장을 중심으로 하는 지역에 몰려 있으므로 대부분 도보로 이동이 가능하다. 다만 시내에서 다소 떨어져 있는 미마라 박물관(Muzej Mimara)이나 미로고이 공원묘지(Mirogoj Cemetery)를 갈 생각이라면 시내버스를 타야 하므로 아예 1일용 표를 구매하는 것이 좋다. 자그레브에서는 트램과 버스의 표가 동일하므로 같이 사용할 수 있다.

대부분의 유럽 도시에서 운행되는 트램과 마찬가지로 자그레브의 트램은 탑승한 사람이 검표기에 직접 표를 넣는 방식을 사용하고 있다. 표를 구입한 다음 탑승해서 직접 검표기에 표를 넣으면 표에 탑승 시간이 찍힌다. 검표원이 없는 것을 이용해 간혹 무임승차를 하는 관광객들도 있는데, 사복을 입은 검표원이 불시에 탑승해서 승차권을 검사하기도 하므로 무임승차를 한 경우 큰 낭패를 겪을 수 있으니 반드시 표를 구입해서 탑승하기 바란다.

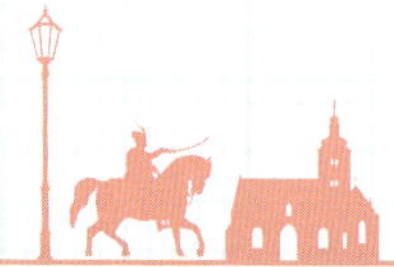

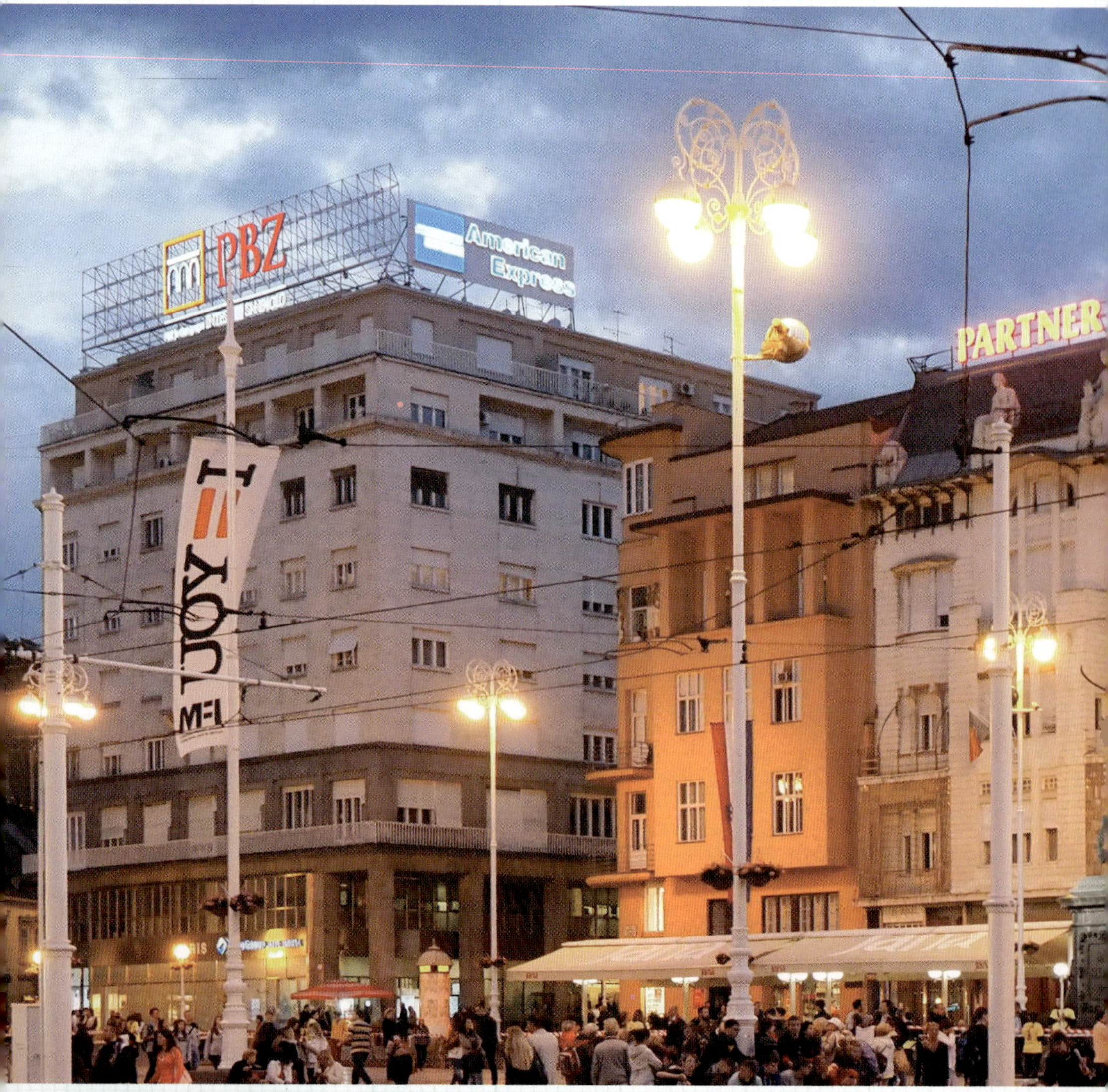
PBZ
American Express
PARTNER

천혜의 자연경관을 가진 크로아티아,
6박 7일간의 여행기

첫째 날,

크로아티아 여행의 시작,

자그레브

CROATIA

크로아티아의 수도이지만 자그레브는 다른 유럽의 대도시와 달리 조용하고 소박하다. 그만큼 사람들에게 더 가까이 다가설 수 있는 곳이기도 하다. 느긋하게 걸어 다녀도 하루 정도면 자그레브의 매력을 충분히 느낄 수 있으니 천천히 둘러보기를 권한다. 자그레브 사람들의 삶을 가까이에서 느껴볼 수 있는 돌라츠 시장이나 스톤 게이트, 그리고 유서 깊은 자그레브 대성당이 핵심 포인트다.

자그레브
일정지도

포포프 탑
성 마르크 성당
Kamenita ul.
아가바
트릴로기야
Kaptol ul.
녹투르노
스톤 게이트
레오나르도
돌라츠 시장
자그레브
대성당
로트르슈차크 탑
Ul. Pod zidom
Ilica
반 옐라치치 광장
Ul. Nikole Jurišića
호텔 두브로부니크
Ul. Ljudevita Gaja
Boškoićev
Trg Josipa Jurja Strossmayera
팰리스 호텔
즈린예바치 공원
토미슬라브 공원
호텔 아스
Trg kralja Tomislava
토미슬라브 왕 동상
자브레브
중앙역

아르코텔
알레그라 자그레브
HOTEL
Ul. kneza Branimira
자그레브
버스 터미널
Avenija Marina Držića

1. 처음 만나는 자그레브

자그레브는 크로아티아의 수도이자 가장 큰 도시지만, 시내를 둘러보는 데 그리 오랜 시간이 걸리지 않는다. 주요 관광지와 랜드마크가 가까운 거리에 밀집해 있으므로 대중교통을 이용하지 않고 걸어다닐 수 있다. 하루면 충분히 즐길 수 있으므로 천천히 여유를 가지고 둘러보기를 권한다.

숙소는 가급적이면 시내 중심과 가까운 곳에 정하는 것이 좋다. 자그레브 중앙역이나 버스 터미널, 반 옐라치치 광장 근처의 숙소를 구하면 주요 관광지를 쉽게 방문할 수 있다.

그렇지만 헤매지 않고 자그레브 여행을 즐기기 위해서는 약간의 준비가 필요하다. 제일 먼저 찾아야 할 것은 자그레브 시내 지도인데, 보통 관광 안내소에서 얻을 수 있다. 호텔에 머문다면 프런트에 시내 지도를 비치하고 있는 경우도 있으므로 미리 챙겨놓는 것이 좋으며, 일부 호텔에서는 객실에 비치해놓기도 한다.

2. 자그레브란 어떤 곳인가?

자그레브는 크로아티아의 수도로, 인구는 687,000명(2014년 기준)이며, 광역권의 인구까지 합하면 110여만 명(2011년 인구 조사 기준)이다. 도시의 면적은 641.29㎢로 서울보다 다소 큰 정도지만 인구는 많지 않아 여유로운 모습을 보여준다.

'자그레브'라는 이름은 1094년 로마 가톨릭의 주교구로서 지도에 처음 표시되었다. 크로아티아어로 '자그라비티(ZAGRABITI)'라는 단어는 '물을 긷다.'라는 의미다. 이곳을 지나던 한 장군이 목이 마른 병사들을 위해 우물을 파고자 칼을 땅에 꽂았는데, 땅에서 물이 나오면서 우물을 만들었다는 이야기가 전해져 지금의 자그레브라는 이름의 기원이 되었다고 한다. 자그레브라는 이름과 관련된 또 다른 이야기도 있다. 이곳을 지나던 도시의 통치자가 갑자기 목이 말라 근처에 있던 '만다(Manda)'라는 아이에게 "물을 길어오너라, 만다야(Zagrebi, Manda)!"라고 명령했으며, 여기에서 자그레브라는 도시의 이름이 유래했다고 한다. 물을 길었던 우물은 현재 자그레브의 반 옐라치치 광장에 분수로 만들어져 있는데 이 분수를 '만두셰바츠(Manduševac) 분수'라고 부른다.

초기의 자그레브는 동쪽의 캅톨(Kaptol)이라고 부르는 지역과 서쪽의 그라덱(Gradec)이라고 부르는 지역으로 나뉘어 있었다. 캅톨 지역은 지금의 자그레브 대성당을 중심으로 하는 지역으로 주로 성직자들이 거주했으며, 그라덱은 돌라츠 시장과 성 마르크 성당이 있는 지역으로 주로 농부와 상인들이 많이 거주했다.

16~18세기에 걸쳐 자그레브는 크로아티아와 슬라보니아(Slavonia), 달마티아(Dalmatia)를 연결하는 정치·경제적 중심지로 자리 잡는다. 17~18세기 사이 화재와 흑사병이 이 지역을 휩쓸었지만, 19세기 크로아티아 부흥 운동의 거점으로 풍성한 문화적 발전을 이루게 된다. 그러다 19세기 중반 크로아티아의 총독이었던 요시프 옐라치치는 캅톨과 그라덱 지역을 하나로 통합해 자그레브를 행정의 중심 역할을 하도록 만들었다. 자그레브는 제2차 세계대전까지는 크로아티아 자치주의 주도였으며, 1991년 유고슬라비아 내전의 원인이 된 크로아티아의 독립 선언 이후 크로아티아의 수도가 되었다.

자그레브는 사계절이 뚜렷하다. 1월 평균 기온은 −0.5℃, 8월 평균 기온은 22.0℃로 대륙성 기후와 서안해양성 기후의 특성을 모두 보여준다. 아드리아 해에 면한 달마티아 지방에 비해 연교차가 크고 겨울에 추운 편이지만, 연평균 강수량은 약 856mm로 많지 않은 편이며 4~6월에 비가 많이 내린다.

반 옐라치치 광장

Trg Bana Jelačića(Ban Jelacic Square)

반 옐라치치 광장은 자그레브 구시가지의 중심지로, 관광을 시작하기 위한 지점으로 삼기에 적당하다. 이곳을 중심으로 관광 안내소, 은행, 식당 및 카페 등이 모여 있으며 주요 관광지도 멀지 않은 곳에 위치해 쉽게 갈 수 있다.

반 옐라치치 광장의 중심에는 크로아티아의 총독이었던 요시프 옐라치치(Josip Jelačić)의 거대한 동상이 서 있으며 광장 동쪽에는 만두셰바츠 분수가 있다. '반(Ban)'은 '총독'이라는 의미다. 요시프 옐라치치의 동상을 마주보았을 때 광장의 오른쪽에 분수가 있고 바로 옆에 관광 안내소가 있다.

광장에는 트램 이외의 차량 진입이 금지되어 있으며, 자그레브의 중심지답게 다양한 공연과 행사가 벌어진다. 매년 5월 31일에는 자그레브 대화재에서 살아남은

스톤 게이트의 성모 마리아와 예수 벽화의 기적을 기리기 위한 행사가 열린다. 이날에는 신부와 수녀, 그리고 수많은 시민들이 함께 참여하는 대규모의 촛불 행진이 반 옐라치치 광장을 가로지른다. 이날은 '자그레브 시의 날'로 불리기도 하며, 시내 곳곳에서 다양한 행사가 벌어진다.

반 옐라치치 광장의 양쪽으로는 약 4km 정도에 이르는 거리가 가로지르는데 이 거리를 '일리차(Ilica) 거리'라고 한다. 자그레브에서 가장 번화한 거리로 수많은 상점과 식당들이 이어져 있어 관광객이 끊이지 않는다. 일리차 거리를 중심으로 북쪽을 고르니 그라드(Gornji Grad: Upper Town), 남쪽을 도니 그라드(Donji Grad: Lower Town)라고 부른다. 고르니 그라드에는 주로 중세 시대부터 이어져 내려온 유적들이 많이 있고, 도니 그라드에는 상점과 식당, 호텔, 박물관, 미술관 등이 모여 있다.

반 옐라치치 광장에서 이어지는 북쪽의 계단을 올라가면 자그레브의 유명한 전통 시장인 돌라츠 시장을 만날 수 있다.

◆ **가는 방법:** 자그레브 중앙역 앞에서는 취르노메츠 방향으로 운행하는 6번이나 13번 트램을 타고 반 옐라치치 광장 트램 정류장에서 하차한다. 자그레브 버스 터미널에서도 역시 취르노메츠 방향으로 운행하는 6번 트램을 타고 반 옐라치치 광장 트램 정류장에서 하차한다.

◆ **돌아보기:** 트램 정류장에 하차하면 먼저 요시프 옐라치치의 동상 앞으로 간다. 동상을 본 후 오른쪽으로 이동하면 만두셰바츠 분수가 있다. 만두셰바츠 분수를 보고 바로 앞에 있는 관광 안내소에 가서 자그레브 지도나 여행 관련 정보를 얻는다. 관광 안내소에서 나와 오른쪽으로 돌아보면 성모 마리아 승천 성당 쪽으로 올라가는 길이 보인다.

중앙 관광 안내소 이용하기

반 옐라치치 광장에 중앙 관광 안내소가 있다. 자그레브에서 가장 큰 관광 안내소로 이곳에서 자그레브의 주요 관광지를 표시해놓은 지도나 안내 책자를 무료로 얻을 수 있으며 간단한 안내를 받을 수도 있다. 또한 자그레브 카드도 이곳에서 판매한다.

◆ **운영 시간:** 6~9월 월~금요일 08:30~21:00, 토~일요일 09:00~06:00 | 10~5월 월~금요일 08:30~20:00, 토요일 09:00~18:00, 일요일 10:00~16:00(12월 25일 크리스마스 당일과 1월 1일 신년은 운영하지 않음) ◆ **주소:** Trg bana Josipa Jelačića 11, 10000g Zagreb, Croaria ◆ **전화번호:** +385 1 4814 051, 052, 054 ◆ **홈페이지:** www.zagreb-touristinfo.hr

자그레브 카드

자그레브 카드를 구입하면 트램이나 시내버스와 같은 교통수단을 일정 기간 동안 무제한으로 이용할 수 있으며, 호텔이나 박물관, 미술관, 레스토랑 등에서 할인 혜택이 제공되기도 한다. 관광 안내소, 호텔 등에서 구입이 가능하며 자그레브 카드 홈페이지에서도 구입할 수 있다. 홈페이지에서는 할인이 적용되는 곳에 대한 정보를 자세히 얻을 수 있다.

◆**요금:** 1일권 60kn, 3일권 90kn　◆**홈페이지:** www.zagrebcard.com

요시프 옐라치치(Josip Jelačić, 1801~1859)

요시프 옐라치치는 크로아티아 – 슬라보니아 – 달마티아 왕국의 총독으로, 농노제도를 폐지하고 크로아티아 최초의 선거를 실시해 의회를 수립한 인물이다. 오스트리아의 지배를 받던 헝가리 왕국은 합스부르크 왕가의 힘이 약해진 틈을 타 1848년 3월 혁명을 일으킨다. 헝가리 왕국의 지배를 받고 있던 크로아티아 – 슬라보니아 – 달마티아 왕국의 총독 요시프 옐라치치는 독립을 얻기 위해 군대를 이끌고 헝가리 왕국과 전쟁을 벌였으며 다수의 전투에서 승리를 거두었다.

그러나 합스부르크 왕가는 제국을 유지하기 위해 당시 소수 민족 중 가장 높은 비중을 차지하고 있던 헝가리 민족과 대타협을 이끌어내고, 그 결과 오스트리아 – 헝가리 제국이 만들어졌다. 헝가리 왕국의 권력이 강해지면서 옐라치치가 원하던 크로아티아의 자치권 획득은 자연스럽게 물거품이 되었다.

전쟁이 끝난 후 요시프 옐라치치는 자그레브로 돌아왔으며, 1849년 새로운 헌법 제정에 힘을 보태는 등 많은 정치적 업적을 남겼다. 1859년 자그레브에서 사망했으며 1866년 오스트리아 – 헝가리 제국은 지금의 위치에 옐라치치의 동상을 세웠다. 동상은 공산주의 국가 시절 철거되는 시련을 맞기도 했으나, 1990년 크로아티아의 독립과 함께 지금의 자리에 다시 세워졌다. 동상이 처음 세워질 당시에는 헝가리가 있었던 북쪽을 향해 칼을 들고 있는 모습이었으나 다시 세워지면서 지금처럼 남쪽을 향하는 모습으로 방향이 바뀌었다고 한다.

옐라치치의 무덤은 성모 마리아 승천 성당(자그레브 대성당) 안에 있으며, 현재 크로아티아의 화폐 중 20kn 지폐에 그의 모습이 그려져 있다.

자그레브 관광을 시작하기 전,

반 옐라치치 광장에서 해야 할 일들

반 옐라치치 광장은 자그레브 관광의 핵심이다. 자그레브부터 관광을 시작할 때 보통 반 옐라치치 광장 근처에 숙소를 잡는 경우가 많고, 이곳을 기점으로 자그레브를 둘러보게 되기 때문에 여행에 필요한 것들을 반 옐라치치 광장 근처에서 미리 해결해놓는 것이 좋다.

여행에서 가장 중요한 것 중 하나는 지도다. 여행 가이드북이나 스마트폰의 지도를 이용하는 것도 물론 가능하지만, 가급적이면 넓게 펼쳐 볼 수 있는 지도 하나 정도는 미리 장만하는 것을 추천한다. 호텔이나 호스텔의 카운터에 문의하면 자그레브 시내의 주요 관광지가 표시된 지도를 얻을 수 있다. 얻지 못한 경우 반 옐라치치 광장에 있는 관광 안내소를 이용하자. 돌아보고자 하는 곳의 위치나 간략한 정보, 그리고 다양한 언어로 적혀 있는 자그레브 시내 지도를 쉽게 얻을 수 있다.

반 옐라치치 광장에서 해야 할 또 다른 중요한 일은 바로 현금 인출이다. 많은 현금을 들고 다니는 것보다 하루나 이틀 정도 필요한 돈만 인출해서 사용하는 것이 편리하므로 가급적이면 외국에서 현금 인출이 가능한 신용카드나 체크카드 등을 가지고 가자. 특히 반 옐라치치 광장 근처에서는 은행 ATM을 쉽게 찾을 수 있다. 현금을 인출하기 전에는 반드시 화폐 단위를 정확하게 확인해야 한다.

스마트폰을 적극적으로 사용하고자 하는 사람이라면 반 옐라치치 광장 근처에서 볼 일이 하나 더 있다. 바로 현지 통신사의 선불 유심을 구입하는 것이다. 자그레브 공항에 도착하자마자 유심을 구입할 수도 있지만 반 옐라치치 광장 근처의 이동 통신사 대리점을 이용하는 것이 가장 확실한 방법이다. 관련 정보는 34쪽을 참고하자.

ODRŽAVA D. LEBAROVIĆ
URAR

성모 마리아 승천 성당

The Cathedral of Assumption of the Blessed Virgin Mary(자그레브 대성당)

칸톨 언덕 위에 세워진 자그레브 대성당은 자그레브 시내에서 가장 높은 건축물로 시내 어느 곳에서나 눈에 잘 띄는 자그레브의 가장 대표적인 건축물이다. 1094년 로마 가톨릭의 주교구가 되면서 건축하기 시작해 1217년 로마네스크 – 고딕 양식으로 완성되었으며 성모와 성 스테파노(St. Stjepan), 성 라디슬라브(St. Ladislav)를 봉헌하기 위해 세워진 성당이다. 자그레브 대성당은 과거에 성 스테파노 성당으로 불렸으며, 지금은 성모 마리아 승천 성당으로 불리고 있다.

1242년 헝가리 왕 벨라 4세를 쫓아온 타타르족이 성당을 완전히 파괴했으며, 이후 14~17세기에 걸쳐 재건되었다. 재건된 이후에도 외부의 침략과 자그레브 대화재 등으로 피해를 입었다. 1880년에 있었던 자그레브 대지진으로 성당 일부가 무너졌다가 네오 고딕 양식으로 복원되어 지금에 이르렀다.

성당을 정면에서 보았을 때 고딕 양식으로 만들어진 쌍둥이 첨탑이 인상적인데, 잦은 보수 작업으로 인해 2개의 첨탑을 온전한 모습으로 보기 힘들다는 아쉬움이 있다. 성당 정문은 섬세한 조각들로 장식되어 있어 매우 아름답다. 오스만 튀르크의 침략에서 성당을 보호하기 위한 벽이 성당 외부를 둘러싸고 있으며, 성당을 정면에서 바라보았을 때 왼쪽에 위치한 벽에는 커다란 시계가 있다. 이 시계는 1880년 11월 9일 자그레브 대지진이 발생했을 때 멈췄으며, 지금도 시계의 바늘은 지진이 발생했던 7시 3분을 가리키고 있다. 성당의 바로 앞에는 성모 마리아와 수호천사상이 자리 잡고 있다.

성모 마리아 승천 성당은 많은 관광객들이 찾는 곳으로 평소에는 관광객들에게 개방되어 있다. 평일에는 오전 7시, 8시, 9시, 오후 6시에 예배가 있으며, 일요일과 공휴일에는 오전 7시, 8시, 9시, 10시, 11시 30분, 오후 6시에 예배가 있는데, 예배 시간에는 출입이 제한된다.

성당에서의 옷차림
성당에 들어갈 때는 반드시 모자를 벗어야 하며, 반바지를 입고 있거나 슬리퍼를 신은 경우 입장이 제한될 수도 있다. 관광객이 많은 시즌에는 특별히 제한을 두지 않을 수도 있지만 유럽을 여행하면서 성당을 방문할 때 모자나 반바지, 슬리퍼 착용이 안 된다는 것 정도는 에티켓으로 알아두자.

◆**가는 방법:** 광장의 동쪽 끝(만두쉐바츠 분수와 관광 안내소가 있는 곳)에서 토메 바카차(Tome Bakaća) 거리를 따라 북쪽으로 올라가면 된다. 광장에서 성당의 첨탑이 보이므로 찾아가는 것은 어렵지 않다. 약 350m가량 걸어가면 되며 4분 정도 소요된다.

◆**개방 시간:** 월~토요일 10:00~17:00, 일요일 13:00~17:00

◆**입장료:** 무료

◆**주소:** Katedrala Marijina Uznesenja 10000, Zagreb, Croatia

◆**전화번호:** +385 1 4814 727

◆**홈페이지:** www.glas-koncila.hr

◆**사진 촬영 팁:** 성당 내부에서 사진을 촬영하는 것은 가능하지만 예배가 있는 동안에는 가급적 사진 촬영을 하지 않는 것이 좋다. 플래시를 터뜨려 촬영하는 것은 예배에 방해가 되므로 절대 금해야 한다. 카메라를 자동 모드로 설정하면 플래시가 자동으로 발광하게 되므로 가급적 수동 촬영 모드나 플래시 발광 금지 모드로 설정하고 촬영하자. 실내가 어둡기 때문에 ISO 감도를 상당히 높여야 흔들리지 않는 사진을 얻을 수 있다. 삼각대 사용은 엄격히 금지된다.

돌라츠 시장

Tržnica Dolac(Dolac Market)

돌라츠 시장은 수많은 관광객들의 발길을 멈추게 만드는 자그레브의 명물 중 하나다. 자그레브의 구시가지를 이루던 캅톨과 그라덱 마을의 경계에 자연스럽게 형성되었던 재래시장으로, 지금도 수많은 자그레브 시민들이 날마다 시장을 찾는다. 매일 새벽 6시 30분에 시장이 열리는데, 금요일까지는 오후 3시까지이며 토요일은 오후 2시, 일요일은 오후 1시까지만 시장이 열린다. 생각보다 일찍 문을 닫기 때문에 이곳을 둘러보고 싶다면 오전 일정으로 잡는 것이 좋다.

요시프 옐라치치의 동상 왼쪽으로 나 있는 길로 향하면 돌라츠 시장으로 올라가는 계단이 보인다. 계단 입구에는 주로 꽃을 파는 상인들이 있으며, 계단을 올라가면 머리에 광주리를 얹은, 돌라츠 시장의 상징과도 같은 동상도 보인다.

　돌라츠 시장에서는 주로 농산물을 판매한다. 특히 신선해보이는 과일을 쌓아놓고 파는 광경이 인상적이다. 지중해 주변의 유럽 국가에서 많이 나는 체리를 이곳에서도 흔히 볼 수 있으며, 1kg에 22kn(약 4,400원)라는 매우 저렴한 가격에 구입해 맛볼 수 있다. 이외에도 오렌지나 토마토, 감자, 딸기와 같은 다양한 농산물을 구입할 수 있다. 체리나 오렌지는 저렴할 뿐만 아니라 굉장히 맛있지만, 딸기는 한국에서 먹던 것과 달리 단단하고 신맛이 강해 그냥 먹기는 쉽지 않으니 많은 양을 덥석 구입하는 것은 자제하자. 또한 시장 입구에서 사는 것보다 시장의 안쪽으로 들어가서 사는 것이 상대적으로 저렴하기 때문에 입구에서부터 물건을 구매하지 말고 천천히 돌아본 다음 저렴한 곳을 찾아 구입하는 것을 추천한다.

　반 옐라치치 광장을 등진 상태에서 돌라츠 시장의 오른쪽으로 향하면 다양한 기념품을 파는 가게들을 만날 수 있다. 자그레브 여행을 기념하기 위한 기념품을 구입하고 싶다면 이곳의 기념품 가게를 이용해보자.

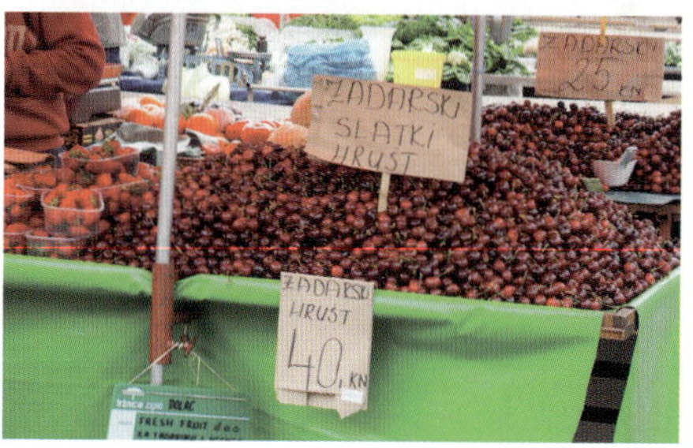

◆ **가는 방법:** 자그레브 대성당 맞은편에 돌라츠 시장으로 들어가는 골목이 있다. 기념품 가게 등이 늘어서 있는 북적거리는 골목이므로 쉽게 찾을 수 있다. 반 옐라치치 광장에서는 동상 뒤쪽에 있는 하르미카(Harmica) 거리를 따라 올라가거나, 한 블록 옆에 있는 스플라브니카(Splavnica) 거리를 따라 계단을 올라가면 된다.

◆ **운영 시간:** 월~금요일 06:30~15:00, 토요일 06:30~14:00, 일요일 06:30~13:00

◆ **입장료:** 무료

◆ **주소:** Dolac, Market 10000, Zagreb, Croatia

◆ **사진 촬영 팁:** 워낙 많은 관광객들이 찾는 곳이고 상인들도 비교적 친절한 편이지만, 무턱대고 사진을 찍으면 싫어하는 상인들도 있다. 편하게 사진을 찍고 싶다면 마음에 드는 곳에서 물건을 조금 구입하면서 촬영하면 더욱 좋은 분위기의 생동감 넘치는 사진을 얻을 수 있다.

SUVENIRI
BONITA
BONITA

스톤 게이트

Kamenska Vrata(Stone Gate)

처음 지도에 위치가 기록되었던 11세기에 자그레브는 2개의 작은 시가지로 나뉘어 있었다. 동쪽에는 캅톨, 서쪽에는 그라덱이 있었는데, 그라덱에는 당시 유럽 전체를 공포에 빠뜨렸던 몽골의 침입을 막기 위해 돌로 높은 외벽을 쌓았다. 13세기에 완성된 이 외벽에는 총 4개의 문이 있었지만, 1731년 자그레브 대화재로 시내 대부분의 건물이 소실되며 4개의 문도 전부 파괴되어, 1760년 다시 건설했다. 스톤 게이트는 4개의 문 중 북쪽 문이다.

화재 당시 문 아래 쪽에 무명의 화가가 그려 넣었던 성모 마리아와 아기 예수의 그림만 불에 타지 않고 온전히 남았다고 한다. 자그레브 대화재에서 살아남은 성모 마리아와 아기 예수는 자그레브의 수호성인으로 받들어지고 있으며, 자그레브에서

가장 많은 관광객들이 찾는 장소 중 하나가 되었다. 양초에 불을 붙여 놓고 기도를 하는 수많은 사람들을 쉽게 볼 수 있는데, 양초는 안에서 구입이 가능하다.

◆ **가는 방법:** 돌라츠 시장 뒤쪽에 있는 출구로 나가 스칼린스카(Skalinska) 거리 방면으로 좌회전을 한다. 이 길 끝까지 내려가면 카페와 레스토랑이 늘어서 있는 트칼치차(Tkalčića) 거리와 만나게 되는데, 여기에서 우회전해 조금만 올라간 뒤 바로 왼쪽에 보이는 골목 코사르스카(Kožarska) 거리로 들어간다. 이 길을 따라 쭉 올라가면 왼쪽에 성 게오르기우스 동상이 보이고, 스톤 게이트로 올라가는 길이 나온다.

◆ **주소:** Kamenita Ulica, 10000, Zagreb, Croatia

◆ **전화번호:** +385 1 4898 555

◆ **사진 촬영 팁:** 스톤 게이트 내부는 상당히 어둡다. 흔들리지 않는 사진을 찍으려면 ISO 감도를 최소한 3200 이상으로 높여야 한다. 성모 마리아와 아기 예수의 벽화는 그 앞에 사람들이 많고 어두워서 사진을 찍기가 생각보다 쉽지 않다. 대신 앞에서 촛불을 켜고 기도하는 사람들을 찍어보는 것도 좋다. 기도하는 사람들의 얼굴이 촛불에 반사되어 꽤 경건한 분위기를 자아낸다.

성 게오르기우스 동상

Saint Georgius State

스톤 게이트로 올라가다 보면 중간에 눈에 띄는 동상이 있다. 바로 초기 기독교의 14성인 중 한 사람인 성 게오르기우스의 동상이다.

성인전 『황금 전설』에 따르면 리비아의 작은 나라 시레나 근처의 호수에서 드래곤이 나타나 매일 인간 제물을 요구했다. 시레나의 왕은 날마다 마을의 젊은이들을 제물로 바쳐야 했으며, 끝내 왕의 외동딸까지 제물로 바쳐야 하는 지경에 이른다. 제물이 된 공주가 호수로 향했을 때 카파도키아에서 온 젊은 게오르기우스가 나타나 창으로 드래곤을 찔러 죽이고 공주를 구출한다. 마을로 돌아온 게오르기우스는 자신이 그리스도의 이름으로 마을을 지킬 것이라 안심시키고 사람들을 기독교로 개종시킨다. 이 동상은 창으로 드래곤을 퇴치한 게오르기우스를 묘사한 것이다.

성 게오르기우스(Georgius, ?~303)

기독교의 성인으로 축일은 4월 23일이다. 기사 · 기사단 · 사수 · 군인 등의 수호성인이며, 잉글랜드 · 그루지야 · 모스크바의 수호성인으로도 잘 알려져 있다. 영어로는 성 조지(St. George)라고 부른다. 시레나의 사람들을 개종시킨 이후 길을 떠났으나, 로마 황제 디오클레티아누스에게 붙잡혀 잔혹한 고문 끝에 참수형을 당했다고 전해진다.

넥타이의 기원과 명예 크라바트 연대(Cravat Regiment) 행진

직장인의 일상에서 빠질 수 없는 넥타이가 크로아티아에서 유래된 것이라는 사실을 아는 사람은 그리 많지 않다. 17세기에 있었던 30년 전쟁 당시 크로아티아의 군인들이 목을 보호하기 위해서 둘렀던 크라바트는 넥타이뿐만 아니라 목에 두르는 모든 천(스카프나 목도리 등)의 원형이 되었다. 이후 남성용 장식용품으로 발전한 것이 넥타이인데, 영국의 국왕이자 당시 유럽 최고의 패셔니스타였던 에드워드 8세가 공식 석상에서 넥타이를 자주 착용하면서 정장의 기본 액세서리가 되었다. '크로아타(Croata)'는 크로아티아의 넥타이 브랜드로, 세계 최고의 명품 넥타이 제조사 중 하나로 잘 알려져 있으며 크로아티아 각지에 매장을 두고 있어 선물을 준비하려는 여행객들의 발길이 끊이지 않는다. 이외에도 다른 넥타이 브랜드 '크라바타(Kravata)'의 매장도 자그레브를 비롯한 크로아티아 곳곳에서 볼 수 있다.

자그레브 시내에서 벌어지는 크라바트 연대의 행진도 또 다른 볼거리다. 30년 전쟁 이후 여러 전투에서 용맹함을 떨쳤던 크로아티아 병사들을 기리기 위한 '명예 크라바트 연대'는 중세 시대 당시의 병사 복장을 충실히 재현한 모습을 보여준다. 4~9월까지 매주 토요일과 일요일 오전 11시 50분에 스톤 게이트로 집결해 정오에는 성 마르크 교회 앞의 광장에서 점호를 한다. 점호를 마치면 다시 이동해서 12시 30분과 1시 45분에는 반 옐라치치 광장, 12시 40분과 1시 35분에는 자그레브 대성당 앞에 도착하게 된다. 토요일과 일요일 외에도 '자그레브의 날'로 일컬어지는 5월 31일, '크라바트 연대의 날'인 10월 18일, 신년인 1월 1일에 행진을 벌이고 있다. 시간을 잘 맞춘다면 성 마르크 교회 앞에서 벌어지는 점호를 볼 수 있다. 크라바트 연대 행진은 13명의 보병과 4명의 기병이 벌이는 비교적 작은 규모의 행사지만 넥타이의 기원이 되었던 크로아티아 병사들의 화려한 패션을 한눈에 볼 수 있다는 점에서 많은 관광객들의 눈길을 사로잡는다.

포포프 탑과 로트르슈차크 탑

Popov Toranj & Kula Lotrščak(Priest's Tower & Lotrščak Tower)

앞서 이야기한 것처럼 자그레브의 구시가지로 지금까지 시의 중심 역할을 담당하고 있는 그라덱 지역은 중세 시대 몽골의 침입을 막기 위해 돌로 외벽을 만들었다. 스톤 게이트와 함께 당시 외벽에 건설된 2개의 높은 탑이 아직까지 남아 있는데, 성 마르크 교회 북쪽의 포포프 탑과 남쪽의 로트르슈차크 탑이 그것이다.

13세기에 만들어진 로트르슈차크 탑은 19m 높이로 1층에는 관광 안내소가 있으며 입장료 20kn를 지불하면 탑 꼭대기에 올라가 자그레브 시내를 조망할 수 있다. 성모 마리아 승천 성당의 첨탑도 보인다. 헝가리의 왕이었던 벨라 4세가 1242년 몽골의 침입을 피해 피난을 왔다가 감사의 의미로 그라덱을 자유의 도시로 선포했는데, 이를 기리기 위해 매일 정오에 로트르슈차크 탑에서 대포를 쏘았다고 한다.

탑을 정면에서 바라보았을 때 왼쪽으로는 스트로스마르트 산책로가 있다. 아름다운 가로수와 노천카페가 있는 곳으로 잠깐 휴식을 취하면서 음료를 마시기에 좋은 장소다.

로트르슈차크 탑까지 오면 그라덱 지역을 대략적으로 다 보게 되는 것인데, 도니 그라드로 내려가기 위해서는 로트르슈차크 탑과 연결된 푸니쿨라(등산열차)를 타거나 골목으로 내려갈 수 있다. 푸니쿨라의 길이는 66m로 오르내리는 데 단 64초밖에 걸리지 않는 세계에서 가장 짧은 푸니쿨라다. 내려가는 길이 그다지 멀지는 않기 때문에 푸니쿨라를 타지 않고 자그레브 골목의 정취를 느끼면서 천천히 걸어 내려가는 것도 좋다.

✛ 포포프 탑 이용 안내

◆**가는 방법:** 성 마르크 성당을 마주보고 왼쪽으로 나 있는 길로 올라가면 믈레타츠카(Mletačka) 길이 나온다. 이 길을 따라 북쪽으로 쭉 올라가면 데메트로바(Demetrova) 거리가 나온다. 여기에서 우회전해 쭉 길을 따라가면 오파티츠카(Opatička) 길과 만나게 되는데 여기에서 약 50m 정도만 북쪽으로 올라가면 포포프 탑이 보인다.

✛ 로트르슈차크 탑 이용 안내

◆**가는 방법:** 성 마르크 성당에서 남쪽으로 나 있는 치릴로메토드스카(Ćirilometodska) 거리를 따라 약 230m 정도 쭉 내려가면 바로 로트르슈차크 탑을 만날 수 있다.　◆**관람 시간:** 월~금 09:00~21:00, 토~일 10:00~22:00　◆**입장료:** 일반 20kn, 할인 10kn　◆**주소:** Strossmayerovo Šetalište 9, 10000, Zagreb, Croatia　◆**전화번호:** +385 1 4851 768

성 마르크 성당

Crkva Sv. Marka(St. Mark's Church)

스톤 게이트를 통과해서 오르막길을 조금만 올라가면 성 마르크 성당에 도착한다. 성 마르크 성당은 13세기에 로마네스크 양식으로 건축되었는데, 14세기 중반에 이르러 고딕 양식에 따른 첨탑 등이 추가되었다. 다른 유럽 도시의 대성당이나 근처에 있는 자그레브 대성당에 비하면 아담한 크기지만, 지붕에 있는 화려한 모자이크가 매우 잘 알려져 있어 자그레브의 랜드마크 중 하나다.

이 모자이크는 처음부터 있었던 것이 아니고, 19세기에 재건축하는 과정에서 추가되었다. 정면에서 지붕을 바라보면 크게 2개의 문장이 모자이크로 새겨져 있다. 왼쪽은 크로아티아 최초의 통일 왕국인 크로아티아 – 슬라보니아 – 달마티아 왕국의 각 문장을 섞은 것이며, 오른쪽은 자그레브 시의 문장이다.

성 마르크 성당은 자그레브에서 가장 오래된 구역인 그라덱의 중심에 위치해 오래전부터 도시의 중심 역할을 해왔다. 지금도 성 마르크 성당을 중심으로 왼쪽에는 정부 청사, 오른쪽에는 의회가 있어 크로아티아 정치의 중심지라고 할 만하다.

관람 시간에는 대기실까지만 들어갈 수 있으며, 성당은 미사가 있을 때만 문을 연다. 성당 내부에 있는 제단은 크로아티아의 대표적인 예술가 중 한 명으로 잘 알려진 조각가 이반 메슈트로비치의 작품이다. 성당의 뒤편에는 이반 메슈트로비치의 아틀리에가 있다.

메슈트로비치 아틀리에

Atelijer Meštrović

성 마르크 성당 바로 뒤쪽에는 크로아티아에서 가장 유명한 예술가 중 한 사람인 이반 메슈트로비치의 아틀리에가 있다. 이 건물은 17세기에 지어졌는데 이반 메슈트로비치가 1922~1942년에 머물면서 작업을 했던 공간으로 잘 알려져 있다. 아틀리에에는 이반 메슈트로비치의 조각품, 스케치, 석판화, 가구 등이 전시되어 있다. 내부에서는 사진과 비디오 촬영이 금지된다.

메슈트로비치는 크로아티아에서도 왕성한 작품 활동을 했다. 특히 잘 알려진 작품이 스플리트에 있는 그레고리우스 닌 동상이다. 자그레브에 있는 니콜라 테슬라 동상도 메슈트로비치의 작품이다. 위의 사진은 앞에서 이야기한 성 마르크 성당의 제단과 세르비아 베오그라드 칼레메그단 요새의 빅토르(Victor) 상이다.

이반 메슈트로비치(Ivan Meštrović, 1883~1962)

크로아티아의 조각가이자 건축가다. 20세기 가장 위대한 조각가 중 한 명으로, 크로아티아를 대표하는 예술가로 잘 알려져 있다.

이반 메슈트로비치는 1883년 크로아티아의 브르폴예(Vrpolje)에서 태어났다. 16세에 석재 가공의 장인이었던 파블레 블리니치를 만나면서 조각에 눈을 뜨고, 오스트리아 비엔나에 있는 예술 아카데미에 입학한다.

1905년 비엔나에서 처음으로 개인전을 여는데, 그의 작품은 당시 유행하던 아르누보 스타일에 영향을 많이 받았다. 메슈트로비치의 작품을 본 로댕이 "메슈트로비치는 최고의 재능을 가지고 있고 나보다 더 위대한 조각가가 될 것."이라고 이야기할 만큼 유럽 예술계에서 빠르게 인정받을 수 있었다. 파리에서 거주했던 2년(1908~1910) 동안 메슈트로비치는 50개가 넘는 작품을 조각했다. 아르누보 양식과 상징주의의 영향을 받은 독특함이 그의 특징이다.

이후 파리와 베오그라드 등에서 작업을 하던 메슈트로비치는 제1차 세계대전이 발발하자 이탈리아 베네치아를 거쳐 크로아티아의 스플리트로 돌아온다. 전쟁이 끝난 후에는 자그레브에 정착하고 두 번째로 결혼한 부인 사이에서 4명의 아이를 얻었다. 또한 크로아티아 출신으로 당대 최고의 과학자 중 한 명이었던 니콜라 테슬라 등과도 활발히 교류했다.

제2차 세계대전 이전까지는 자그레브 예술 대학의 교수이자 학장으로서 많은 제자들을 키워냈으며, 자그레브와 스플리트의 집을 오가며 창작 활동에 힘썼다. 그러나 제2차 세계대전 당시인 1941년 우스타샤(크로아티아 분리 독립운동가)에게 체포되어 3개월가량 투옥되는 고초를 겪는데, 다행히도 바티칸의 대주교였던 알로이시우스 스테피나치의 도움을 받아 석방되었다.

메슈트로비치의 가족도 제2차 세계대전 당시 많은 고통을 받았다. 그의 첫 번째 부인이었던 루사와 그의 유태인 가족은 1942년 나치 독일의 홀로코스트에 희생당했으며, 그의 형제였던 페타르는 공산주의자에게 체포되는 수난을 겪었다. 제2차 세계대전 이후 유고슬라비아의 대통령이 된 요시프 브로즈 티토가 메슈트로비치에게 귀국을 권유했지만 그는 이를 거절했으며, 시라큐스 대학의 교수직 제의를 받아들여 미국으로 떠난다. 이후에 그는 계속 미국에 거주했으며 1962년 79세를 일기로 세상을 떠났다.

자그레브에는 이반 메슈트로비치의 작업실이 보존되어 박물관으로 개방되고 있으며, 스플리트에 있는 집은 이반 메슈트로비치 갤러리로 만들어져 그의 다양한 작품을 전시하고 있다.

✚ 이용 안내

◆ **가는 방법:** 성 마르크 성당 바로 뒤에 위치하고 있다. ◆ **관람 시간:** 월~금요일 10:00~18:00, 토~일요일 10:00~14:00 ◆ **입장료:** 일반인 30kn, 청소년·학생 15kn ◆ **주소:** Mletačka 8, 10000, Zagreb, Croatia ◆ **전화번호:** +385 1 4851 123 ◆ **홈페이지:** www.mestrovic.hr

도심 속 여유를 느끼는
자그레브의 공원 산책하기

자그레브는 크로아티아의 수도지만 반 옐라치치 광장 인근을 제외하면 분위기가 생각보다 한적하고 차분하다. 시내 곳곳에는 잔디밭을 가진 공원이 잘 조성되어 있어 약간의 시간 여유가 있다면 공원을 산책하는 것도 좋다.

반 옐라치치 광장에서 자그레브 중앙역에 이르는 길의 중간에는 니콜라 슈비치 즈린스키 공원(Park Nikola Šbić Zrinski)이 있다. 이 공원은 즈린예바치(Zrinjevac) 공원이라고 부르기도 한다. 자그레브의 젊은이들이 데이트를 많이 즐기는 장소고, 많은 행사도 열리므로 한 번쯤 천천히 거닐어보자. 공원의 중심에는 1891년에 세워진 음악 공연장이 있다. 이 공원에서 좀더 내려가면 길 하나를 사이에 두고 요시프 율리야 스트로스마예로프 공원(Park Josipa Jurlja Strossmayerov)이 나온다. 다시 좀더 남쪽으로 내려와 자그레브 중앙역 방면으로 걸어가다 보면 노란색의 아르누보 스타일이 인상적인 아트 파빌리온(예술 전시관)이 보인다. 아트 파빌리온에서는 다양한 주제의 현대 미술 작품이 전시되고 있다. 여기에서 좀더 내려오면 토미슬라브 왕의 거대한 동상이 보이는데, 바로 토미슬라브 공원(Park Kralja Tomislava)이다.

반 옐라치치 광장에서 자그레브 중앙역까지는 도보로 약 15분 정도 소요된다. 천천히 걸어 내려오면서 자그레브의 여유로움을 감상해보자.

Tip

토미슬라브 왕(Tomislav of Croatia)

토미슬라브 왕은 공작이었던 910년부터 928년까지 크로아티아를 통치했던 인물로, 크로아티아 최초의 왕으로 잘 알려져 있다. 10세기 무렵 11개의 자치주로 쪼개져 있던 크로아티아를 통일시켰으며, 헝가리의 마자르족과 같은 외부 세력의 침입도 막아냈다. 비잔틴 제국의 지배 아래에 있던 남동유럽 지역은 불가리아 제국의 반란 등으로 인해 상당히 혼란스러운 상태였으며, 이 틈을 타서 토미슬라브는 독립을 선언하고 스스로 왕이 되었다. 토미슬라브 왕의 크로아티아는 달마티아 지역과 헤르체고비나, 보스니아의 일부까지 세력이 미쳤다. 특히 당시 강한 세력을 자랑하던 불가리아 제국과의 전쟁에서도 큰 승리를 거두면서 크로아티아 왕국이 남동유럽에서 자리를 잡는 데 큰 역할을 했다.

즈린예바치 공원

토미슬라브 왕의 동상과 아트 파빌리온

1. 자그레브의 맛집

반 옐라치치 광장을 중심으로 일리차 거리와 트칼치차 거리에는 많은 레스토랑과 카페들이 모여 있다. 주로 크로아티아 전통 요리나 이탈리안 요리 등을 파는 레스토랑들이다. 크로아티아는 아드리아 해를 사이에 두고 이탈리아와 많은 교류가 있었기 때문에 이탈리안 레스토랑이 많은 편이다. 그 중에서 추천할 만한 몇몇 레스토랑을 소개한다.

레오나르도(Leonardo)

돌라츠 시장에서 트칼치차 거리로 이어지는 스칼린스카 거리에 위치한 이탈리안 레스토랑이다. 전통 방식의 돼지고기나 리조또, 파스타, 피자 등을 저렴한 가격에 맛볼 수 있다. 길 가운데는 노천 좌석이 있고, 실내에도 좌석이 있다. 날씨가 좋을 때는 노천 좌석에 앉기가 힘들 정도로 인기가 많다.

◆ **주소:** Skalinska ulica 4, 10000, Zagreb, Croatia

◆ **전화번호:** +385 1 4873 005

녹투르노(Nokturno)

스칼린스카 거리에 있으며 레오나르도 레스토랑 바로 옆에 위치하고 있다. 역시 리조또와 파스타, 피자 등을 판매하는 이탈리안 레스토랑이다. 파스타는 매우 푸짐한 양을 자랑한다. 1층은 레스토랑이고 2층부터는 호스텔을 같이 운영하고 있다.

◆ **영업시간:** 월~목요일 08:00~24:00, 금~토요일 09:00~01:00, 일·공휴일 08:00~24:00

◆ **주소:** Skalinska ulica 4, 10000, Zagreb, Croatia

◆ **전화번호:** +385 1 4813 394

◆ **홈페이지:** www.restoran.nokturno.hr

트릴로기야(Trilogija)

자그레브에서 가장 유명한 레스토랑 중 하나로 관광객들에게 특히 인기가 높다. 주 메뉴는 리조또와 소고기·돼지고기 스테이크이며, 다양한 종류의 케이크를 맛보거나 와인을 마실 수도 있다. 예약을 하지 않으면 자리가 없어 식사를 할 수 없을 정도로 인기가 높은데, 그 이유 중 하나는 위치 때문이다. 자그레브에서 가장 많은 관광객이 방문하는 장소 중 하나인 스톤 게이트를 통과하자마자 바로 왼쪽에 위치하고 있다. 자그레브에서 근사한 저녁 식사를 원한다면 이곳을 방문하는 것을 추천하지만, 전화나 인터넷으로 반드시 사전 예약을 해야 한다는 것을 명심하자.

◆ **주소:** Kamenita ulica 5, 10000, Zagreb, Croatia

◆ **전화번호:** +385 1 4851 394

◆ **홈페이지:** www.trilogija.com

아가바(Agava)

자그레브를 찾는 관광객들에게 인기가 높은 이탈리안 레스토랑이다. 항상 사람들로 북적이는 맛집 거리인 트칼치차 거리에서도 유명하다. 음식의 맛은 호불호가 다소 갈리는데, 크로아티아에서 판매되는 이탈리안 음식이 대체적으로 다소 짜다는 점을 염두에 두는 것이 좋다.

◆ **영업시간:** 09:00~23:00

◆ **주소:** Ulica Ivana Tkalčića 39, 10000, Zagreb, Croatia

◆ **전화번호:** +385 1 4829 826

◆ **홈페이지:** www.restaurant-agava.hr

2. 자그레브의 숙소

자그레브는 크로아티아의 수도인 만큼 호텔, 호스텔, 아파트먼트 등 다양한 종류의 숙소를 만날 수 있다. 두브로브니크나 스플리트처럼 유명한 관광지에서는 숙소 가격이 상당히 비싸지만, 자그레브는 높은 수준의 시설과 서비스를 자랑하는 호텔 등을 상당히 저렴한 가격에 예약할 수 있다.

베스트 웨스턴 프리미어 호텔 아스토리아(BEST WESTERN PREMIER Hotel Astoria)

세계적으로 유명한 호텔 체인 베스트 웨스턴 계열의 호텔로, 합리적인 가격과 깔끔한 시설, 친절한 서비스가 인상적이다. 반 옐라치치 광장과는 약 800m 정도 떨어져 있어 도보로 10분이면 갈 수 있다. 호텔 전체에서 와이파이가 무료로 제공되며, 투숙객은 호텔 주차장을 무료로 이용할 수 있다.

◆ **가는 방법:** 자그레브 중앙역에서 약 300m, 도보로 3분이다.

◆ **주소:** Petrinjska Vlica 71, 10000, Zagreb, Croatia

◆ **전화번호:** +385 1 4808 900

◆ **홈페이지:** www.hotelastoria.hr

아르코텔 알레그라 자그레브(Arcotel Allegra Zagreb)

자그레브 중앙역 앞에 위치한 이곳은 저렴한 가격에 깔끔한 시설을 제공하는 호텔이다. 바로 앞에 브라니미로바(Branimirova) 트램 정류장이 있으며, 이곳에서 반 옐라치치 광장까지 가는 6번 트램을 탑승할 수 있다는 것이 장점이다. 호텔 전체에서 와이파이가 무료로 제공되며, 호텔 주차장을 사용할 수 있으나 별도의 주차 요금이 부과된다.

◆ **가는 방법:** 자그레브 중앙역에서 약 600m, 도보 6분, 자그레브 중앙역을 등진 상태에서 오른쪽 방향으로 이동한다.

◆ **주소:** Ulica Kneza Branimira 29, 10000, Zagreb, Croatia

◆ **전화번호:** +385 1 4696 000

◆ **홈페이지:** www.arcotelhotels.com/en/allegra_hotel_Zagreb

팰리스 호텔 자그레브(Palace Hotel Zagreb)

화려한 아르누보 양식으로 지어진 건물 외관이 인상적이다. 반 옐라치치 광장에서 멀지 않은 곳에 있어 시내 관광에 최적이기도 하다. 호텔 외관뿐만 아니라 내부도 다소 고풍스러운 느낌을 주지만 객실이 상당히 편안하고 아늑한 것이 장점이다. 호텔 전체에서 무료 와이파이가 제공되며, 호텔 바로 옆에 있는 전용 주차장을 이용할 수 있으나 별도의 주차 요금(75kn)이 부과된다.

◆ **가는 방법:** 자그레브 중앙역에서 북쪽으로 약 500m, 도보로 7분. 토미슬라브 공원을 지난 뒤 요시프 율리야 스트로스마예로프 공원 앞에서 호텔을 찾을 수 있다.

◆ **주소:** Trg Josipa Jurja Strossmayera 10, 10000, Zagreb, Croatia

◆ **전화번호:** +385 1 4899 600

◆ **홈페이지:** www.palace.hr

호텔 두브로브니크(Hotel Dubrovnik)

호텔 이름은 두브로브니크지만 자그레브에 있는 것으로, 자그레브에서는 상당히 널리 알려진 유명한 호텔 중 하나다. 반 옐라치치 광장 바로 앞에 있어 시내의 주요 관광지로 이동하기에는 최적의 위치다. 1929년부터 영업을 시작했으며, 리모델링을 거친 객실이 상당히 깔끔해서 여행객들의 평가가 좋다. 호텔 전체에서 무료 와이파이 서비스가 제공되며, 객실 내에서는 유선 인터넷을 사용할 수도 있다. 호텔에는 주차장이 없기 때문에 인근 주차장을 이용해야 하며 1일에 120kn(15€)의 주차 요금이 부과된다. 주차를 하고자 하는 경우 사전 예약은 필수다.

◆ **가는 방법:** 자그레브 중앙역에서 북쪽으로 도보 14분, 약 1km 정도 이동해 자그레브 중앙역 앞 트램 정류장에서 취르노메츠 방향으로 운행하는 트램 6번과 13번을 탑승한 뒤 반 옐라치치 광장에서 하차한다.

◆ **주소:** Ulica Ljudevita Gaja 1, 10000, Zagreb, Croatia

◆ **전화번호:** +385 1 4863 555

◆ **홈페이지:** www.hotel-dubrovnik.hr

둘째 날,

죽기 전에 꼭 한 번은 봐야 할 곳,
플리트비체 호수 국립공원

플리트비체 호수 국립공원은 '죽기 전에 꼭 한 번은 가봐야 할 곳'이라는 말을 실감할 수 있는 아름다운 곳이다. 10시간 가까이 걸리는 트레킹이 그다지 지겹게 느껴지지 않는 이유는 자연이 만들어낸 플리트비체의 풍경이 다양하기 때문이다. 산과 물, 폭포와 절벽이 만들어내는 플리트비체 호수 국립공원의 풍경은 크로아티아 여행의 백미라고 해도 과언이 아니다.

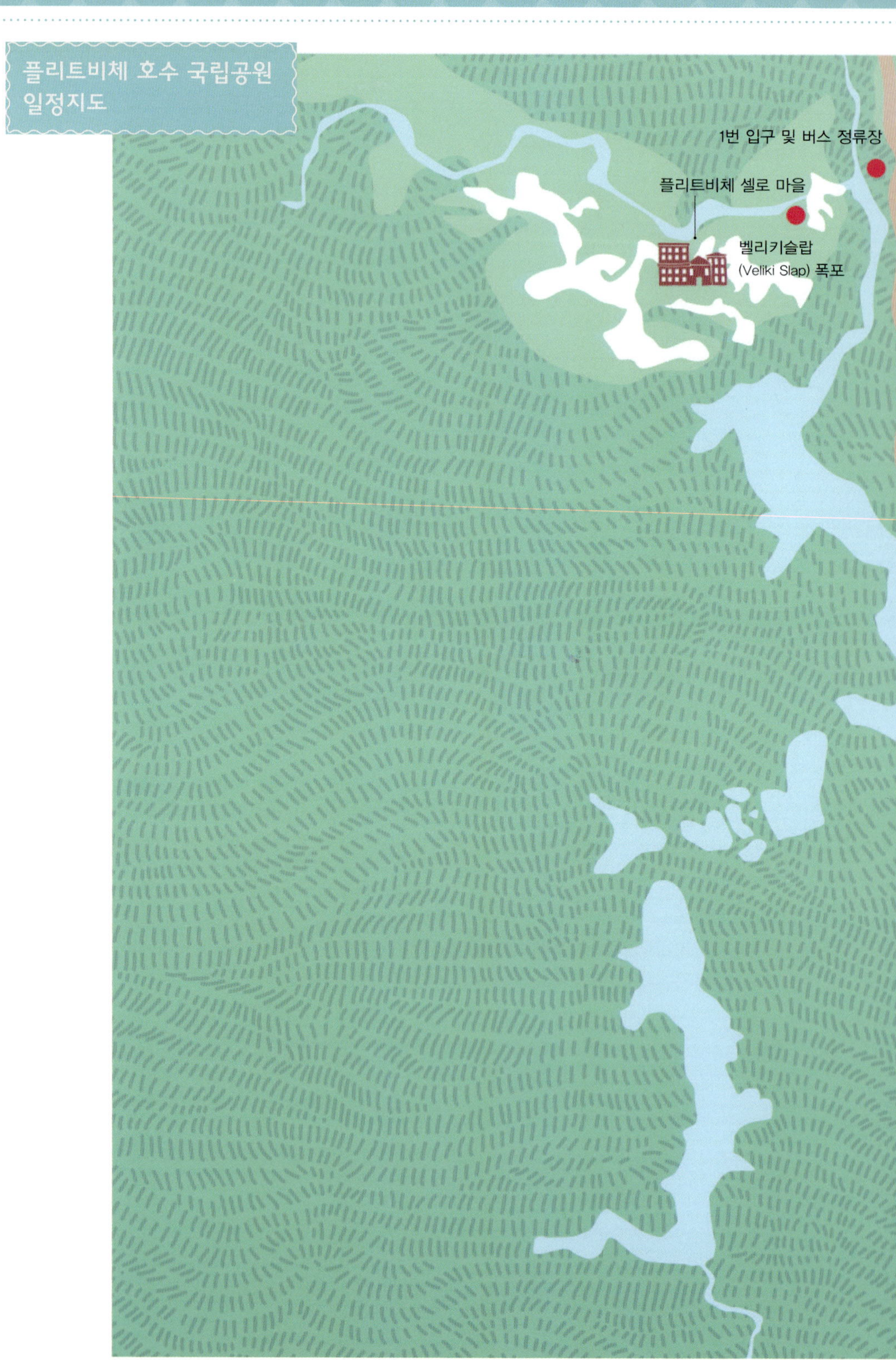

플리트비체 호수 국립공원
일정지도
1번 입구 및 버스 정류장
플리트비체 셀로 마을
벨리키슬랍
(Veliki Slap) 폭포

OTEL
호텔 벨뷰
2번 입구

무키네 마을
버스정류장

예제르체 마을

1. 처음 만나는 플리트비체 호수 국립공원

플리트비체 호수 국립공원은 크로아티아 여행의 하이라이트다. 각종 매체와 여행 관련 책자 등에서 '죽기 전에 꼭 한 번 가봐야 할 곳' 중 하나로 꼽히는 세계적인 관광지로 산과 폭포, 호수가 어우러진 아름다운 풍경은 입을 다물 수 없을 정도다. 플리트비체 호수 국립공원은 최소 2시간 코스부터 8시간 코스까지 다양한 트레킹 코스를 제공한다. 이곳의 매력을 차분히 느끼고 싶다면 인근에서 하루 정도 묵으면서 마음껏 트레킹을 즐기는 것을 추천한다.

플리트비체 호수 국립공원은 크로아티아의 중앙부에 위치하며, 전체 면적은 296.85㎢에 이른다. 이곳에서 가장 큰 두 호수 프로스찬스코(Prošćansko)와 코냐크(Kozjak)가 전체 면적의 약 80%를 차지하고 있다. 플리트비체 호수 국립공원에는 총 16개의 호수와 크고 작은 90여 개의 폭포가 있다. 16개의 호수 중 12개는 상류 지역, 4개는 하류 지역에 분포되어 있으며 고저 차는 133m다.

이 지역은 크게 상부 지역과 하부 지역으로 나눌 수 있다. 상부 지역에는 석회암에서 파생된 백운암(돌로마이트)이 분포되어 있으며, 주변에서 흘러들어온 물이 백운암을 침식시켜 지금의 계곡과 호수를 형성했다. 물속의 이끼류와 조류가 물에 녹아 있는 석회질과 함께 플리트비체 호수의 색을 시시각각 변화시킨다. 날씨가 맑을 때는 호수가 청록색에 가까운 빛을 띠며, 흐린 날에는 짙은 회색으로 보이기도 한다.

이 지역은 울창한 삼림 안에 가려져 있어 오랫동안 사람들에게 잘 알려지지 않았으나, 16~17세기 터키와 오스트리아가 국경선을 확정하는 과정에서 그 모습이 드러나게 되었다. 당시에는 사람이 접근하기 매우 어려웠기 때문에 '악마의 정원'이라고 불리기도 했지만 지금은 세계적인 관광지로 거듭나면서 도로가 잘 뚫려 있어 접근하는 데 어려움은 없다.

계곡 인근에 1896년 처음으로 호텔이 지어지면서 관광지의 조건을 갖추기 시작해 현재는 매년 100만 명 이상의 관광객이 방문하는 세계적인 관광지가 되었으며, 1979년에는 유네스코 세계자연유산으로 지정되었다.

1991년 3월 31일 크라이나(Krajina) 지역의 세르비아 극단주의자들이 이곳을 점령하고 국립공원의 경찰관이었던 요시프 호비치(Josip Jovic)를 살해하면서 유고슬라비아 내전이 사실상 시작된 장소

이기도 하다. 1991년 6월 25일 크로아티아가 유고슬라비아 연방에서 탈퇴하고 독립을 선언하면서 전면전이 시작되었다. 세르비아 반란군이 플리트비체 호수 국립공원을 점령하고 호텔을 막사로 이용했기에 이곳은 한동안 전쟁에 몸살을 앓아야 했지만, 1995년 8월 크로아티아 정부군이 이곳을 다시 수복하고 1995년 12월 유고슬라비아 내전이 공식적으로 종전된 후 체계적인 복구 프로그램으로 다시 지금의 모습을 회복했다.

플리트비체 호수 국립공원은 크로아티아의 내륙에 위치하기 때문에 대륙성 기후에 가깝다. 1월의 평균 기온은 2.2℃, 8월의 평균 기온은 17.4℃로 산악 지형이라 여름에도 크게 덥지 않다. 연평균 강수량은 약 1,500mm로 주로 봄과 가을에 강수가 집중된다. 11월부터 3월까지 눈이 많이 내리며, 12월과 1월에는 호수가 얼기도 한다.

플리트비체 호수 국립공원을 방문하기에 가장 좋은 계절은 봄으로, 특히 4~5월이 가장 아름답다. 봄에는 많은 비가 내려 폭포의 양도 풍부하며, 맑은 날에는 파란 하늘빛이 호수의 물빛과 어우러져 감탄이 절로 나올 정도로 아름다운 풍경을 보여준다. 반면에 여름에는 비가 많이 내리지 않아 폭포의 양이 줄어들며, 가을이 되면 일교차가 커져 관광객이 비교적 적다. 그러나 이 지역에 분포하는 마가목이나 서어나무, 서양물푸레나무 등이 단풍으로 물들면서 색다른 모습을 연출하기도 한다.

2. 플리트비체 호수 국립공원으로 가는 방법

자그레브부터 여행을 시작한다면 보통 자그레브 관광을 마치고 다음 날 플리트비체 호수 국립공원으로 이동하는 경우가 많다. 이때 여행 계획을 세우는 것이 중요하다. 플리트비체 호수 국립공원의 모습을 자세히 보고 싶다면 자그레브에서 아침 일찍 출발해 국립공원 인근 숙소에 체크인을 하고 이틀 동안 플리트비체 호수 국립공원을 돌아보는 것이 좋다. 하지만 숙박을 하지 않는다면 첫차를 타고 플리트비체 호수 국립공원에 도착해 짧은 트레킹 코스를 돈 다음 다시 버스를 타고 자다르로 이동하는 것을 추천한다.

자그레브 버스 터미널에서 플리트비체 호수 국립공원으로 가는 버스는 하루 8회 운행하며, 첫차는 새벽 5시 45분, 막차는 밤 9시 30분에 있다. 노선에 따라 소요시간이 다른데 보통 2시간에서 2시간 30분 정도 걸린다. 중간에 버스를 갈아타야 하는 노선(오후 2시 15분에 출발하는 버스)도 있으므로 주의해야 하며, 성수기에는 원하는 시간의 버스표를 구하기 어려울 수도 있으므로 자그레브 버스 터미널 홈페이지에서 미리 예약하는 것을 추천한다. 온라인 예약을 하는 경우 좌석 지정도 가능하다.

가격은 보통 86~93kn이며, 짐이 있는 경우 짐 1개당 7kn가 추가된다. 왕복으로 구매하는 경우에는 25% 할인받는 것도 가능하다.

3. 안전한 트레킹을 위해 준비해야 할 것들

플리트비체 호수 국립공원 여행의 핵심은 아름다운 경치를 보면서 걷는 '트레킹'이다. 트레킹을 할 때는 주변 환경이나 날씨에 따라서 다양한 변수가 발생할 수 있기 때문에 준비를 철저하게 하는 것이 좋다.

간편한 복장과 가벼운 운동화는 필수 아이템이다. 봄이나 가을에는 일교차가 크기 때문에 필요한 경우 입을 수 있도록 가벼운 바람막이를 준비하는 것이 좋다. 산속을 걷는 것이지만 4월 이후에는 햇볕이 굉장히 따갑기 때문에 선글라스와 모자, 선크림도 준비해야 한다. 공원 내부에서는 취사가 금지되어 있으며, 입구나 공원 내 식당에서만 음료수 등을 구입할 수 있다. 오래 걸을 때 수분 섭취는 필수이므로 가방에 마실 물을 꼭 준비해야 한다.

달마티아 지방의 도시와는 달리 비가 많이 내리기 때문에 일회용 우의를 준비하는 것도 좋은 방법이다. 비가 많이 내리지 않는 날씨라면 방수가 되는 재킷을 걸치는 것도 좋다. 우산을 쓸 수도 있지만, 걸을 때 손이 자유롭지 못하고 좁은 길에서는 통행에 방해가 될 수 있으므로 가급적 우의를 걸치는 것을 권한다. 플리트비체 호수 국립공원에는 통행을 위해 나무를 깔아 길을 낸 곳이 많은데 비가 오면 미끄러워지므로 걸을 때 주의해야 한다.

플리트비체 호수 국립공원의 트레킹을 위해서 바람막이나 우의, 물을 보관할 수 있는 작은 숄더백이나 백팩을 준비하는 것을 추천하며, 숄더백보다는 작은 크기의 백팩을 준비하는 것이 가장 좋다.

간혹 폭우가 쏟아지는 경우도 있다. 2014년 5월에는 크로아티아 - 보스니아 지역에 사상 최악의 폭우가 쏟아져 플리트비체 호수 국립공원도 상당한 피해를 입었는데, 비가 많이 오면 트레킹을 중단하고 신속하게 안전한 곳으로 피하거나 숙소로 돌아가는 것이 좋다.

다양한 트레킹 코스와 주요 포인트

Nacionalni Park Plitvička Jezera(Plitvice Lakes National Park)

플리트비체 호수 국립공원의 입구는 2개다. 1번 입구는 국립공원 북쪽에 위치하고 있으며, 2번 입구는 상부 지역과 하부 지역의 중간 지점에 있다. 성수기에는 입구 2개를 모두 개방하지만 비수기에는 1번 입구만 개방한다. 성수기는 매년 4월 1일부터 10월 31일까지, 비수기는 11월 1일부터 다음 해 3월 31일까지로 구분된다.

입구에서 입장권을 구매할 수 있으며, 입장권에는 플리트비체 호수 국립공원의 입장료와 파노라마 기차 탑승료, 호수 사이를 운행하는 보트 탑승료 등이 포함되어 있다.

플리트비체 호수 국립공원을 운행하는 파노라마 기차를 타면 세 지점으로 쉽게 이동할 수 있다. 기본적으로 가장 북쪽의 ST1에서 남쪽의 ST3까지 30분 간격으로

운행을 하는데, 비수기에는 ST1에서 ST2까지만 30분 간격으로 왕복한다. 운행 시간은 성수기와 비수기가 다르므로 홈페이지를 통해 미리 확인해두는 것이 좋다.

　플리트비체 호수 국립공원에서는 공원을 돌아볼 수 있는 트레킹 프로그램이 다양하게 마련되어 있다. A, B, C, E, F, H, K1, K2로 총 8개의 트레킹 프로그램이 제공되며, 각 코스별 소요시간이나 경로가 다르기 때문에 일정에 따라 적당한 프로그램을 선택해야 한다. 좀더 자세한 내용은 플리트비체 호수 국립공원 홈페이지(www.np-plitvicka-jezera.hr)를 참조하자.

요금표

입장요금

구분	기간		
	1. 1~ 3. 31 11. 1~12. 31	4. 1~ 6. 30 9. 1~10. 31	7. 1~8. 31
어른	55.00kn	110.00kn	180.00kn
어른 단체	50.00kn	100.00kn	160.00kn
학생	45.00kn	80.00kn	110.00kn
학생 단체	40.00kn	70.00kn	100.00kn
청소년(7~18세)	35.00kn	55.00kn	80.00kn
청소년 단체	30.00kn	50.00kn	70.00kn
유아(7세 미만)	무료		

*단체 요금은 15명 이상일 때 적용

2일 티켓 요금

구분	기간		
	1. 1~ 3. 31 11. 1~12. 31	4. 1~ 6. 30 9. 1~10. 31	7. 1~8. 31
어른	90.00kn	180.00kn	280.00kn
학생	70.00kn	130.00kn	210.00kn
청소년	55.00kn	90.00kn	140.00kn

A 프로그램(Program A)

단기간에 플리트비체 호수 국립공원을 방문하는 관광객이 가장 많이 선택하는 코스로, 1번 입구에서 시작해 플리트비체 폭포를 본 뒤 하부의 호수들을 한 바퀴 돌고 내려오는 코스다. 2~3시간 정도 소요되며 장대한 플리트비체 폭포를 볼 수 있다는 장점이 있지만, 플리트비체 호수 국립공원에서 가장 아름다운 풍경을 자랑하는 상부의 호수와 폭포들을 볼 수 없다는 것이 아쉬운 점이다. 비수기에는 1번 입구만 개방하기 때문에 어쩔 수 없이 A 프로그램을 선택해야 한다.

B 프로그램(Program B)

A 프로그램처럼 1번 입구에서 시작하는 것은 동일하지만, P3에서 보트를 타고 P1까지 이동한 뒤 다시 ST2로 이동해 파노라마 열차를 타고 1번 입구로 되돌아오는 코스다. 보트를 이용해 아름다운 플리트비체 호수를 감상할 수 있고, 보트와 파노라마 열차로 이동하는 거리가 길기 때문에 걷는 시간이 그리 길지 않다는 장점이 있다. 그러나 아기자기한 플리트비체의 풍경을 빠르게 훑어볼 수밖에 없고 파노라마 기차나 보트를 기다리는 시간이 길어질 수 있다. 실제로 걷는 시간은 짧지만 보트와 파노라마 열차의 대기시간을 고려하면 3~4시간 정도가 소요된다.

C 프로그램(Program C)

1번 입구에서 시작해 하부의 호수를 따라 P3까지 이동하면서 플리트비체 폭포를 감상하고, P3에서 P2까지는 보트로 이동한 다음 P2에서 올라가면서 상부 호수의 풍경을 감상하는 코스다. 상부 코스를 둘러보고 ST3에 도착하면 여기에서 파노라마 열차를 타고 1번 입구까지 내려올 수 있다. 상부 호수와 하부 호수의 대부분을 감상할 수 있다는 점에서 상당히 알찬 프로그램이지만 보트나 파노라마 열차를 기다리는 시간을 감안해야 하고, 걸어가는 시간도 꽤 길다는 점을 염두에 두어야 한다. 총 4~6시간 정도 소요된다.

E 프로그램(Program E)

성수기에 플리트비체의 하이라이트인 상부 호수만 짧게 돌아볼 수 있는 코스다. 2번 입구로 들어서면 바로 아래쪽에 보트 탑승이 가능한 P1이 있으며, 여기에서 보트를 타고 P2로 건너가 상부 호수를 트레킹할 수 있다. 상부 호수를 둘러보면 ST3에 도착하며, 여기에서 파노라마 열차를 타고 ST2로 내려올 수 있다. 2~3시간 정도 소요되는 짧은 코스이지만 플리트비체 호수 국립공원의 유명한 곳들을 빠르게 볼 수 있다는 점에서 당일치기 여행객들에게 사랑받고 있다.

F 프로그램(Program F)

B 프로그램과 반대 방향의 코스로, 2번 입구로 들어가 보트로 P1에서 P2로 이동하고, 다시 P2에서 P3으로 이동한 다음 하부 호수를 둘러보고 1번 입구로 나오는 코스다. 걷는 길이 내리막길이라서 B 프로그램보다는 걷기가 좀더 수월하다.

H 프로그램(Program H)

2번 입구에서 파노라마 열차를 타고 상부 호수의 ST3으로 이동한 뒤, 상부 호수부터 감상할 수 있는 트레킹 코스다. P2에 도착하면 보트를 타고 P3으로 이동할 수 있으며, 여기에서 하부 호수를 한 바퀴 돌고 1번 입구로 나가거나, ST1에서 파노라마 열차를 타고 ST2로 이동해 2번 입구로 나갈 수 있다. C 프로그램과 비슷하게 총 4~6시간 정도 소요되는데 플리트비체 호수 국립공원을 가장 알차게 볼 수 있다.

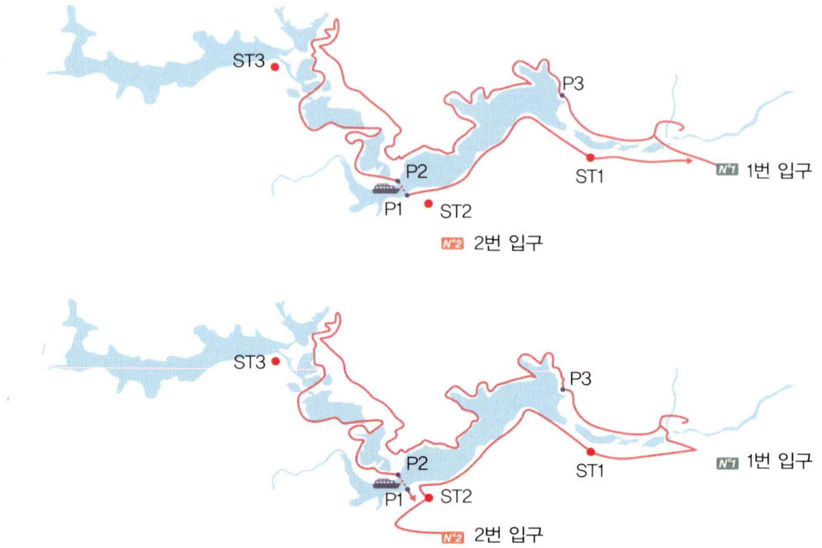

K1 · K2 프로그램(Program K1 · K2)

트레킹에 욕심이 많은 사람이라면 보트나 파노라마 열차를 이용하지 않고 플리트비체의 상부 호수와 하부 호수를 모두 도보로 둘러보는 K 프로그램을 눈여겨봐도 좋다. 6~8시간이 소요되는 코스로 플리트비체 호수 국립공원에서 하루 정도 숙박이 가능한 사람에게 추천한다.

K1 프로그램은 1번 입구에서 시작해 시계 반대 방향으로 호수 외곽의 길을 타고 걷는 코스며, K2 프로그램은 2번 입구에서 시작해 시계 반대 방향으로 호수 외곽의 길을 타고 걷는 코스다. 이동 경로는 모두 동일하지만 출발 지점이 1번 입구인지 2번 입구인지에 따라서 K1 · K2 프로그램으로 나뉜다.

플리트비체 호수 국립공원이 높낮이 변화가 심한 지형은 아니지만 일부 지역에서는 높은 계단을 오르내리는 경우도 있고, 다소 길이 험한 경우도 있기 때문에 어느 정도 트레킹에 익숙한 사람이 아니라면 K 프로그램을 굳이 선택할 필요는 없다. 한 번 코스를 선택해서 트레킹을 시작하면 쉬거나 중간에 빠져나올 수 있는 지점까지 거리가 상당하기 때문이다.

플리트비체 호수 국립공원 홈페이지를 방문하면 각 프로그램마다 소요되는 시간이 적혀 있지만 실제 소요시간은 사람마다 다르다. 특히 여름에는 기온이 높아 체력이 빨리 소모되기 때문에 충분한 시간을 가지고 여유 있게 국립공원을 돌아보는 것이 좋고, 당일치기로 여행하는 경우에는 시간 계획을 더욱 잘 세워서 트레킹을 해야 한다.

플리트비체에서 하루 머물면서 충분히 시간을 낼 수 있다면 아침부터 C 프로그램이나 H 프로그램을 선택하는 것이 가장 좋다. 플리트비체 호수 국립공원 내의 호텔이나 무키네 마을에서 숙박한다면 H 프로그램이 가장 무난한데, 아침에 일어나서 먼저 든든하게 식사를 하고 2번 입구로 들어가 상부 호수를 돌아본 다음, 다시 2번 입구로 내려와서 그 근처에 있는 호텔의 식당에서 식사를 하고 잠시 쉰다. 그리고 P2에서 배를 타고 P3으로 이동해 하부 호수를 둘러보고 ST1에서 ST2까지 파노라마 열차로 이동하면 된다. H 프로그램의 경우 4~6시간 정도 소요된다고 나와 있지만 사진을 촬영하거나 중간에 쉬면서 돌아보면 더 많은 시간이 필요할 것이다.

당일치기로 여행을 하는 경우에도 서두르면 H 프로그램을 충분히 소화할 수 있다. 자그레브에서 새벽 5시 45분에 첫차를 타고 플리트비체에 도착하면 오전 8시 30분 내외다. 그때부터 트레킹을 부지런히 하면 오후 3시경에는 트레킹을 마칠 수 있다. 당일치기로 트레킹을 하고 자다르 방면으로 떠나는 경우에는 1번 입구에서 버스를 탑승하는 것이 편하므로 파노라마 열차를 타고 2번 입구까지 이동하지 말고 1번 입구에서 바로 자다르행 버스에 탑승하면 된다. 조금 서두르면 자다르에서 노을을 볼 수도 있다.

당일 여행을 하는 사람은 반드시 버스 시간을 확인하고 트레킹을 진행해야 하며, 가급적 버스 승차권을 예매해놓는 것이 좋다. 각 프로그램별로 정해진 소요시간은 트레킹 방법이나 사람에 따라서 크게 달라질 수 있으므로 충분히 여유 있게 일정을 짜야 한다. 산속이라 해가 일찍 지므로 가급적이면 트레킹은 오전에 일찍 시작해서 최대한 빨리 마치는 것이 좋다.

플리트비체 호수 국립공원
코스 돌아보기

트레킹을 시작하는 2번 입구 (Entrance 2)다. 이곳에서 국립공원 입장 티켓을 구매할 수 있다.

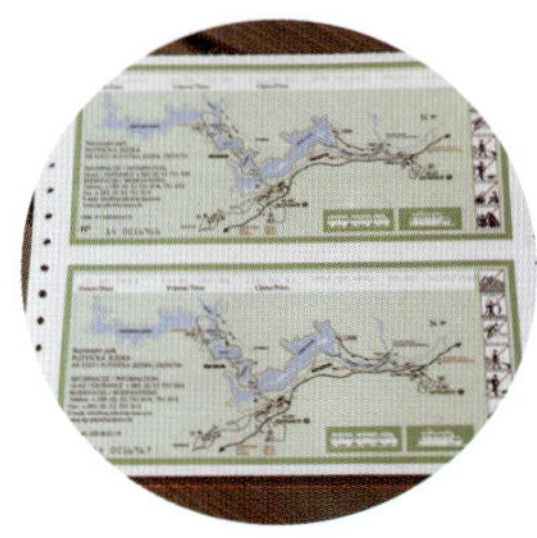

플리트비체 호수 국립공원의 입장 권으로, 호수를 오가는 보트에 대한 탑승 요금이 포함되어 언제든 지 보트를 탈 수 있다.

트레킹을 할 경우에는 표지판을 잘 보면서 길을 따라 다녀야 한다.

P1까지 도보로 이동한다. 비가 오면 통나무로 되어 있는 길은 미끄러울 수 있으므로 조심해야 한다.

P2까지 보트로 이동해 상부 호수 방면을 트레킹한다. 호수를 건너는 방법은 보트가 유일하므로 보트 탑승 지점을 잘 확인해두자.

도보로 P2까지 내려오거나 ST3에서 파노라마 열차를 타고 P2까지 이동한다.

레스토랑 폴야나에서 점심 식사를 할 수 있다.

P2에서 P3까지 보트로 이동해 하부 호수 방면을 트레킹한다.

1번 입구(Entrance 1)에 도착한다. 돌아가는 버스를 탈 수 있다.

 **Tip**

파노라마 기차

파노라마 기차를 이용해 플리트비체 호수 국립공원의 주요 지역을 왕복할 수 있으며 계절에 따라 운행 지역이 달라진다.

◆ **운행 시간:** ST2→ST1 08:00~20:00(30분 간격), ST1→ST2 08:30~20:30(30분 간격), ST2→ST3 08:00~17:30(30분 간격), ST3→ST1 08:30~20:30(30분 간격)

플리트비체 호수 국립공원,
사진으로 멋지게 담기

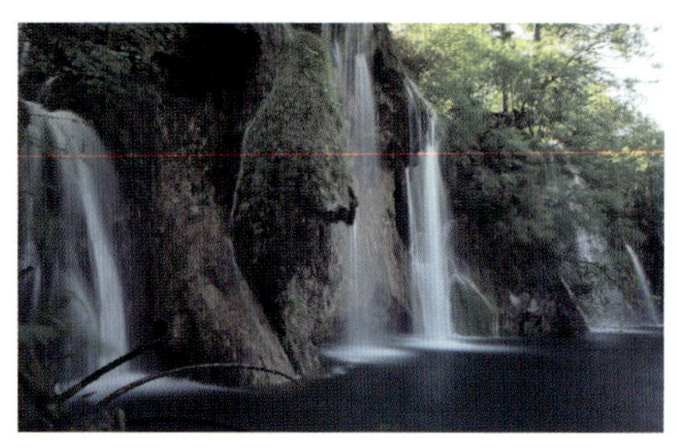

플리트비체 호수 국립공원은 "그냥 찍어도 그림 같다."라는 말이 절로 나올 정도로 아름다운 경치를 자랑한다. 아름다운 풍경은 구석구석 많이 있지만 그 중에서도 절경이라고 할 수 있는 몇몇 장소에서는 제대로 사진을 찍어보자.

플리트비체 호수 국립공원을 촬영하기 위해 필요한 렌즈는 표준 줌렌즈다. 풍경이 넓을 거라고 생각해서 굳이 광각렌즈를 준비할 필요는 없다. 웬만한 사진들은 표준 줌렌즈로 모두 찍을 수 있다. 광각이나 망원렌즈는 짐만 될 수 있으니 과감하게 숙소에 놓고 가자.

플리트비체 호수 국립공원에서 볼 수 있는 멋진 풍경 중 하나는 바로 폭포다. 폭포에서 물이 떨어지는 모습을 좀더 아름답게 표현하기 위해서는 ND(Neutral Density) 필터가 필요하다. ND 필터는 렌즈로 들어오는 빛의 양을 줄여주는 일종의 선글라스와 같은 것으로, 밝은 낮에 느린 셔터 스피드를 확보하기 위해 반드시 필요하다. ND 필터는 숫자에 따라서 농도가 구분되는데, 숫자가 클수록 농도가 짙어져 더욱 느린 셔터 스피드를 확보할 수 있다. 여기의 사진처럼 물이 흐르는 느낌을 부드럽게 표현하고 싶다면 ND400 정도의 필터를 구비해야 하며, 최소한 5초 이상의 느린 셔터 스피드로 촬영해야 하므로 삼각대도 준비해야 한다. 다만 일부 폭이 좁은 등산로에서 사진 촬영을 하겠다고 걸음을 멈추거나 삼각대를 펴면 뒤에서 오는 사람이 지나가지 못할 수도 있다. 무작정 사진을 찍지 말고 뒤에 사람이 오는지 확인한 후에 사진을 찍는 에티켓이 필요하다.

플리트비체 국립공원의 호수는 물이 맑기로도 유명하다. 또한 자연도 잘 보존되

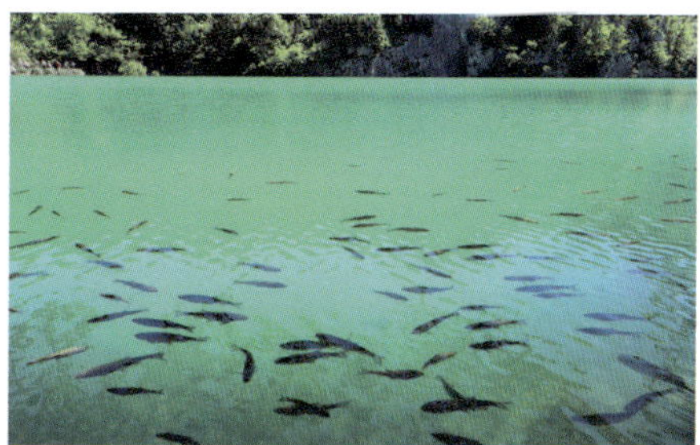

ND400 필터와 삼각대를 이용해 촬영한 장노출 사진(왼쪽)과 CPL 필터를 이용해 촬영한 사진(오른쪽)이다.

셔터 스피드가 빠르면 튀는 물방울의 역동적인 모습을 포착할 수 있으며(왼쪽), 느리면 몽환적이면서 신비로운 사진을 얻을 수 있다(오른쪽).

어 있어 물속에서 헤엄치는 팔뚝만 한 크기의 송어가 훤히 보인다. 그 모습을 담고 싶어서 막상 사진을 찍으려고 하면 햇빛이 물에 반사되어 물속의 모습이 잘 찍히지 않는데, 이때 필요한 것이 CPL(Circular Polarizing Light) 필터다. CPL 필터는 빛이 들어오는 방향을 바꾸어 반사광을 제거하는 목적으로 사용하는데, 이중 필터를 렌즈에 장착한 다음 회전시켜보면 물에 반사되는 빛이 순간적으로 제거되면서 물속의 모습이 더욱 선명하게 포착된다.

이곳에 있는 많은 폭포들은 비교적 가까운 거리에서도 감상할 수 있다. 사진을 찍을 때 폭포의 물이 카메라에 튈 정도다. 렌즈에 튄 물을 방치하면 플리트비체 계곡의 물에 녹아 있는 많은 양의 석회질 때문에 나중에 물 자국이 잘 지워지지 않을 수 있으므로, 물이 튀었을 때는 신속하게 부드러운 천으로 렌즈와 카메라를 닦아주는 것이 좋다. 또한 방적 기능(약한 비나 이슬을 막아주는 기능)이 없는 카메라가 이런 환경에 많이 노출되면 습기로 인해 고장이 날 수 있으므로 주의해야 한다.

1. 플리트비체 호수 국립공원의 맛집

플리트비체 호수 국립공원 주변에는 의외로 식사를 할 만한 공간이 많지 않다. H 프로그램을 이용해 국립공원을 돌아볼 경우에는 2번 입구로 나와 조금만 이동하면 보이는 레스토랑 폴야나를 이용하는 것이 가장 좋다.

레스토랑 폴야나(Restaurant Poljana)

레스토랑 폴야나에는 소고기 스테이크나 송어 구이 등을 판매하는 레스토랑과 셀프 서비스로 음식을 제공하는 레스토랑이 있다. 셀프 서비스 레스토랑에서는 스테이크나 라이스, 으깬 감자, 찐 야채, 스프, 빵 등을 제공하는데, 필요한 만큼 골라 먹을 수 있어서 관광객들에게 인기가 높다. 배가 고파서 이것저것 고르다 보면 상당히 많은 돈을 지불하게 되므로 적당히 먹을 만큼만 음식을 선택하는 것이 좋다. 하지만 음식의 맛이 훌륭한 편은 아니다.

◆ **영업시간:** 08:00~22:00
◆ **주소:** Velika Pilijana, HR 53231, Plitvička Jezera
◆ **전화번호:** +385 53 751 092

간단히 먹을 수 있는 식당과 매점

국립공원 내의 선착장 근처에서도 식당을 볼 수 있는데, P1 선착장에서는 아이스크림 등을 구입

할 수 있는 간단한 매점이 있고 P3 선착장에는 통닭구이나 햄버거, 소시지 등을 먹을 수 있는 식당이 있다. 가격이 저렴한 편은 아니지만 트레킹 중간에 간단히 식사를 해결할 수 있고, 플리트비체 호수의 아름다운 경치를 감상하면서 맥주를 곁들인 통닭을 먹을 수 있다는 점에서 꽤나 낭만적인 장소이기도 하다. P3 선착장에서는 화장실을 다녀올 수도 있다.

2. 플리트비체 호수 국립공원의 숙소

당일치기로 플리트비체 호수 국립공원을 방문하는 사람이라면 큰 문제가 없지만 하루 정도 숙박을 하게 된다면 숙박 장소를 정하기가 만만치 않다. 국립공원이다 보니 면적이 넓고, 숙박 장소에 따라 접근할 수 있는 루트도 달라지기 때문이다.

가장 무난한 방법은 국립공원 입구 인근에 있는 호텔을 예약하는 것이다. 플리트비체 호수 국립공원은 2개의 입구가 있는데 플리트비체, 예제로, 벨뷰의 3개 호텔이 2번 입구 인근에 있다. 국립공원 내에 있는 호텔이지만 시설이 그리 좋은 편은 아니며 가격도 약 70~100€(500~750kn)로 저렴하지도 않다. 그러나 바로 앞에 국립공원의 입구가 있으며, 하루치 입장권을 구입할 경우 입장권 티켓이 하루 더 연장되어 이틀 동안 국립공원을 관람할 수 있다는 장점이 있다. 또한 다음 날 체크아웃을 하더라도 짐을 프런트에 보관해놓고 국립공원을 둘러볼 수 있다는 장점도 있으므로 여행 계획을 짤 때 이러한 점을 염두에 두도록 하자.

호텔 플리트비체(Hotel Plitvice)

플리트비체 호텔은 1958년에 지어졌으며, 보수 작업을 통해 총 51개의 객실을 제공하고 있다. 시설 수준은 그리 높지 않은 편이지만 플리트비체 호수 국립공원에서 예약 가능한 몇 안 되는 호텔 중 하나이기 때문에 성수기에는 예약하기가 상당히 어렵다. 호텔 로비에서만 와이파이가 제공되며, 바로 옆에 무료 주차장이 있다.

◆ **가는 방법:** 플리트비체 호수 국립공원 2번 입구 앞의 버스 정류장에서 하차한 후 약 200m 정도 도보로 이동한다.

◆ **주소:** D1, 53231 Plitvička Jezera, Croatia

◆ **전화번호:** +385 53 751 200

호텔 벨뷰(Hotel Bellevue)

호텔 플리트비체 바로 뒤에 위치한 호텔로 1963년에 지어졌으며 70개의 객실을 제공하고 있다. 인근의 다른 호텔과 마찬가지로 시설 수준은 높지 않다. 호텔 객실 내에서 모뎀을 이용해 인터넷이 제공되며, 호텔 주차장에 무료 주차가 가능하다. 플리트비체 호수 국립공원 내에서 현금을 인출하고 싶으면 벨뷰 호텔 1층에 있는 ATM을 이용하면 된다.

◆ **가는 방법:** 플리트비체 호수 국립공원 2번 입구 앞의 정류장에서 하차한 후 약 200m 도보로 이동해 호텔 플리트비체로 가면 입구가 보인다.

◆ **주소:** Plitvička jezera bb, 53231, Plitvička Jezera, Croatia

◆ **전화번호:** +385 53 751 100

호텔 예제로(Hotel Jezero)

호텔 플리트비체와 호텔 벨뷰에서 도로를 따라 상부 지역으로 약 1km 정도 떨어진 곳에 위치한 호텔이다. 다른 호텔들과 시설 수준은 비슷하지만 규모는 훨씬 커서 7개의 스위트룸과 7개의 세미 스위트룸 등 총 229개의 객실을 제공한다. 그러나 위치 면에서는 호텔 플리트비체나 벨뷰가 좀더 낫다. 객실 내에서 모뎀을 이용해 인터넷이 가능하며, 로비에서만 와이파이를 무료로 사용할 수 있다. 주차장은 무료다.

◆ **가는 방법:** 자그레브에서 오는 경우 플리트비체 호수 국립공원 2번 입구 앞 버스 정류장에서 하차한 뒤 왔던 방향으로 큰 길을 따라 약 700m 이동한다.

◆ **주소:** Plitvička jezera bb, 53231, Plitvička Jezera, Croatia

◆ **전화번호:** +385 53 751 400

무키네 마을과 예제르체 마을

조금 더 저렴한 숙소를 찾는다면 공원 입구에서 약간 떨어져 있는 무키네 마을이나 무키네 마을 길 건너에 있는 예제르체 마을에 숙소를 잡는 것을 권한다. 무키네 마을에서는 플리트비체 호수 국립공원까지 오솔길을 가로질러 약 1.5km 정도 걸어가면 나오는 곳이므로 조금 걸을 각오만 한다면 괜찮은 위치이며, 마을 바로 앞에 버스 정류장이 있어 다음 날 버스를 타고 다른 도시로 이동하기에도 적당하다. 마을에 마트가 있어 간단한 간식거리와 식료품, 우의 등을 구입할 수 있다는 것도 장점이다.

무키네 마을과 예제르체 마을의 숙소 종류는 크게 3가지로 구분된다. 소베(Sobe)는 살고 있는 집의 방 일부를 숙소로 만들어 대여하는 것으로 화장실이나 샤워실은 공용으로 사용하는 경우가 많다. 아파트먼트는 주방이 딸려 있는 형태의 숙소로 조리 시설과 냉장고 등이 제공되어 가족 여행이나 3인 이상의 여행에 알맞다. 부킹닷컴과 같은 온라인 홈페이지에서 숙소를 예약할 경우 하나의 숙소에서 소베와 아파트먼트 형태의 방을 같이 제공하는 경우도 종종 볼 수 있다. 판지온 (Panzion)은 소베보다 좀더 업그레이드된 전문적인 숙소로 주방은 제공하지 않지만 숙소 내에 화장실이나 샤워실 등을 같이 제공한다.

플리트비체 셀로 마을

1박을 하고 다음 날 자다르로 버스를 타고 가는 경우 플리트비체 셀로(Plitvice Selo) 마을에 위치한 숙소를 찾는 것도 좋은 방법이다. 이곳에는 주로 아파트먼트나 소베, 판지온 등이 많다. 다만 안쪽에 위치한 숙소는 버스에서 내려 상당히 많이 걸어 들어가야 하는 단점이 있으므로 위치를 잘 확인한 뒤 숙소를 예약해야 한다.

성수기에는 숙소를 구하기가 쉽지 않기 때문에 충분히 시간적 여유를 두고 온라인으로 미리 예약하는 것이 필수다. 서두를수록 마음에 드는 숙소를 저렴한 가격에 예약할 수 있다는 것을 잊지 말자.

셋째 날,

알프레드 히치콕이 극찬한 노을,
자다르

세계에서 가장 아름다운 바다로 일컬어지는 아드리아 해의 매력을 제대로 보려면 자다르에 꼭 가야 한다. 바닷가에 있는 레스토랑에서 아드리아 해를 바라보면서 분위기 있는 식사를 즐길 수도 있고, 북적이는 관광객들 사이에서 아이스크림을 먹으면서 아기자기한 골목길을 걸어볼 수도 있다. 물론 자다르 여행의 하이라이트는 해맞이 광장에서 감상하는 '세계 최고의 노을'이다.

Ul. Ivana Brčića
더 가든
Istarska obala
Liburnska obala
Ul. Božidara Petranovića
Ul. Bedemi zadarskih pobuna
Trg tri bunara
해맞이 광장
바다 오르간
Ul. Zadarskog Mira 1358.
부티크
호스텔 포럼
성 도나트 성당
로만 포럼
Ul. Jurja Dalmatinca
Madijevaca ul.
Siroka Ul.
Borelli ul.
아트 호텔
칼레라르가
Ul. Mihovila Pavlinovića
레스토랑
브루쉐타
나로드
광장

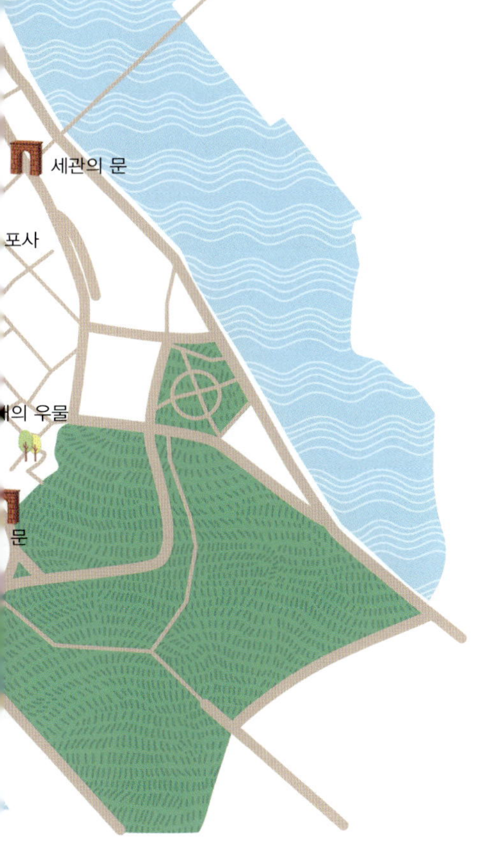

세관의 문
포사
의 우물
문

1. 처음 만나는 자다르

달마티아 지방 북부에는 아름다운 풍경을 자랑하는 여러 도시들이 자리 잡고 있다. 그 중에서도 자다르는 로마 시대의 유적과 성당, 특별한 해변의 풍경과 아름다운 날씨가 어우러져 많은 관광객들의 사랑을 받고 있다. 특히 영화감독 알프레드 히치콕은 영화 촬영을 위한 장소를 찾으며 자다르를 방문했을 때, "자다르는 세상에서 가장 아름다운 노을을 가지고 있고, 플로리다의 키웨스트보다 아름다운 노을이 매일 저녁 펼쳐진다."라고 이야기했다.

자다르는 기원전 1세기에 로마 제국의 식민지가 되었다. 그 때문에 자다르의 곳곳에서는 로마 시대에 지어졌던 다양한 유적들을 볼 수 있다. 이후 9세기에 비잔티움 제국령이 되었다가 12세기 후반 헝가리 제국에게 잠시 점령당하지만 1202년 베네치아 공화국이 자다르를 귀속시켜 베네치아 공화국령으로 자리 잡게 되었다.

16세기 이슬람 세력의 침략이 잦아지자 이를 막기 위해 베네치아 공화국은 자다르 외곽에 돌로 성벽을 쌓았다. 그러나 1797년 오스트리아를 침공한 나폴레옹이 캄포 포르미오 조약을 체결하면서 베네치아 공화국이 몰락한다. 이 조약의 결과로 나폴레옹은 지금의 벨기에와 이오니아 제도 등을 손에 넣었고, 대신 베네치아 공화국이 지배하던 이스트리아와 달마티아 지역은 오스트리아 제국에게 넘기면서 자다르도 오스트리아 제국의 지배 아래 놓이게 되었다. 제1차 세계대전 이후에는 오스트리아–헝가리 제국이 해체되면서 자다르를 포함한 달마티아의 일부 지역은 세르비아–크로아티아–슬로베니아 왕국의 일부로 편입되었다.

이 무렵 세르비아–크로아티아–슬로베니아 왕국과 이탈리아는 아드리아 해를 사이에 두고 국경에서 첨예한 영토 분쟁을 벌였는데 양국은 1920년 라팔로 조약을 맺고 일부 영토에 대한 문제를 해결했으며, 자다르는 슬로베니아인이나 크로아티아인이 다수 거주하고 있음에도 불구하고 이탈리아의 영토로 편입된다.

그러다 제2차 세계대전 이후 패전국인 이탈리아와 연합군 사이의 협정에 의해 유고슬라비아의 영토로 다시 편입된다. 1991년 크로아티아의 독립선언으로 크로아티아의 영토가 되었으며, 내전으로 인해 상당수의 유적이 파괴되는 등 큰 피해를 입었다. 그러나 이후 적극적으로

복원 작업이 진행되어 현재는 전쟁의 흔적을 거의 찾아볼 수 없을 정도로 말끔하게 복원되었으며, 크로아티아의 주요 관광지 중 하나로 이름을 널리 알리고 있다.

2. 자다르로 가는 방법

어디에서 자다르로 출발하느냐에 따라 가는 방법이 다르다. 여기에서는 앞선 일정이 끝난 플리트비체 호수 국립공원에서 가는 방법과 스플리트에서 가는 방법을 설명한다.

버스를 이용해 플리트비체 호수 국립공원에서 자다르로 가는 방법

자그레브에서 출발해 플리트비체 호수 국립공원을 돌아본 다음 향하게 되는 곳이 바로 자다르다. 자다르로 가는 버스는 대부분 플리트비체 호수 국립공원의 1번 입구에서 탑승할 수 있으며, 2번 입구 인근의 버스 정류장에서 탈 수 있는 버스도 있다. 간혹 원하는 시간에 좌석이 없는 경우도 있으므로 인터넷을 통해 미리 예약하는 것이 좋다. 겟바이버스(GetByBus) 홈페이지 (getbybus.com)에서 예약이 가능하며, 시기에 따라 운행 시간이 다르므로 홈페이지를 통해 반드시 시간을 확인한 후 예약해야 한다. 요금은 85~109kn 정도다. 자다르까지 직행으로 운행하는 노선은 1시간 45분 만에 자다르 버스 터미널까지 도착하지만 완행 노선은 2시간 30분에서 4시

 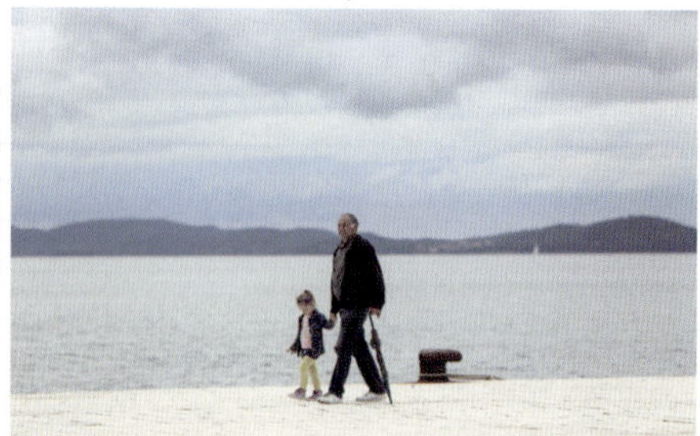

간 정도 걸리는 경우도 있다.

자그레브 버스 터미널 홈페이지에서도 플리트비체 – 자다르 간 버스를 예약할 수 있다. 자그레브 에서 출발해 크로아티아의 최남단인 두브로브니크까지 운행하는 노선이 있는데, 중간에 플리트 비체 호수 국립공원과 자다르를 들르므로 이 노선을 예약하면 된다.

버스를 이용해 스플리트에서 자다르로 가는 방법

크로아티아 제2의 도시 스플리트는 이탈리아에서 아드리아 해를 건너는 페리가 도착하는 곳으 로, 이곳에서 크로아티아 여행을 시작하거나 중간 거점으로 삼는 경우도 많다. 종종 사람들은 스 플리트에 숙소를 정해놓고 당일치기로 자다르에 다녀오기도 하는데, 스플리트에서 자다르까지 버스로 약 3시간 정도 소요되므로 아침 일찍 서두르면 자다르를 둘러보고 올 수 있다.

스플리트에서 자다르까지 가는 버스의 운행 시간은 스플리트 버스 터미널 홈페이지(www.ak-split.hr)에서 확인이 가능하다. 30분~1시간 간격으로 버스가 운행되며 새벽 1시에 출발하는 심야 버스도 있다.

도시 성벽

City Walls

자다르는 성벽 안에 있는 구시가지와 성벽 바깥에 있는 신시가지로 나뉜다. 구시가지는 베네치아 공화국이 외부의 침입을 막기 위해 돌로 쌓았던 성벽 안에 있으며, 자다르에서 봐야 할 대부분의 관광 포인트가 모두 모여 있다. 신시가지에는 호텔, 아파트먼트 등의 숙소와 은행, 마트 등 편의시설이 있다. 만약 자다르에서 숙박을 하고자 하는 경우 구시가지에 있는 숙소를 잡으면 가격이 상당히 비싸므로 신시가지에 있는 숙소를 잡은 뒤 도보로 구시가지까지 이동해서 관광하는 방법을 추천한다. 구시가지 안에는 차량 진입이 통제되므로 렌터카를 이용한다면 성벽 바깥에 주차를 하고 안으로 이동해야 한다.

　자다르는 오랫동안 아드리아 해의 전략적 요충지로 주인이 자주 바뀌는 도시였

다. 12세기 이후 자다르를 포함한 달마티아 지방은 아드리아 해를 지배하던 베네치아 공화국에 귀속되어 있었는데 남동부 유럽을 장악한 이슬람 세력이 지속적으로 침입하면서 잦은 전쟁을 치렀고, 결국 베네치아 공화국은 침입을 막기 위해 외곽에 돌을 쌓아 튼튼한 성벽을 만들었다. 이 도시 성벽은 베네치아 공화국의 요새 중에서 가장 큰 규모를 자랑했으나 일부가 허물어졌으며, 지금은 성곽 일부와 4개의 문만 남아 있다.

북서쪽으로는 성 로코의 문(St. Rocco Gate)이 있으며, 남쪽으로 내려오면서 바다의 문(Morska Vrata, Sea Gate), 세관의 문(Kopnenih Vrata, Customs's Gate), 땅의 문(Kopnena Vrata, Land Gate)이 차례로 위치하고 있다. 르네상스 양식의 장식이 인상적인 땅의 문에는 성 크르제반(Sv. Krševana)의 기마상과 베네치아 공화국을 상징하는 사자상이 있다.

성 아나스타샤 대성당과 성 도나트 성당

Katedrala Sv. Stošije & Crkva Sv. Donata(Cathedral of St. Anastasia & Church of St. Donatus)

로마네스크 양식으로 지어진 성 아나스타샤 대성당은 12~13세기에 걸쳐서 건축되었으며, 달마티아 지방에 있는 대성당 중에서 가장 크다. 정면에는 화려하게 장식된 3개의 네이브(Nave: 성당 중앙부의 신도석)가 있으며, 내부에는 13세기에 그려진 것으로 추정되는 벽화가 있다. 성당 바로 옆에는 56m 높이의 종탑이 있다. 약 180여 개의 계단을 올라 종탑 꼭대기에 이르면 자다르 구시가지의 풍경을 한눈에 볼 수 있으며, 입장료는 10kn다. 성 아나스타샤 대성당은 1943년 제2차 세계대전 당시 폭격으로 파괴되었는데 1989년 복원되었다.

반면에 9세기 초에 건축된 것으로 추정되는 성 도나트 성당은 초기 비잔틴 양식을 따르며, 이 성당을 짓도록 명했던 도나트 주교의 이름을 붙여 부르고 있다. 다른 성당

성 아나스타샤 대성당

성 도나트 성당

과 다르게 외관이 원형으로 만들어져 있어 쉽게 눈에 띈다. 지금은 미사를 위한 용도로 사용하고 있지 않으며 내부에서 간혹 행사나 공연이 진행되는 것을 볼 수 있다.

✚ **성 아나스타샤 대성당 이용 안내**
◆ **가는 방법:** 세관의 문으로 들어가는 경우 나로드니 광장까지 가서 오른쪽에 나 있는 시로카(Široka) 거리를 따라 300m가량 직진한다. 로만 포럼 바로 옆에 위치해 있다.
◆ **주소:** Trg Svete Stošje Zadar, Croatia
◆ **전화번호:** +385 23 251 708

✚ **성 도나트 성당 이용 안내**
◆ **가는 방법:** 로만 포럼과 성 아나스타샤 대성당 바로 옆에 위치한다.
◆ **주소:** Trg Rimskog Foruma, 23000, Zadar, Croatia
◆ **전화번호:** +385 23 316 166
◆ **홈페이지:** www.tzzadar.hr

로만 포럼

Rimski Forum(Roman Forum)

자다르는 기원전 1세기 아우구스투스 황제가 로마 제국을 지배하던 시기에 로마에
점령되었으며, 도시 일부에 로마 시대의 유적이 남아 있다. 기원전 1~3세기 사이에
만들어진 것으로 추정되는 포럼(로마 시대의 집회 광장)은 가장 대표적인 로마 시대의
유적으로 가로 90m, 세로 45m의 크기로 만들어져 있다. 성 도나트 성당은 포럼 위
에 건설되었는데, 지금도 포럼의 일부가 남아 있으며 포럼의 온전한 기둥 2개는 성
당의 일부가 되었다.

　광장의 한쪽 구석에는 기둥이 남아 있는데, 이 기둥은 중세 시대에 죄인을 묶어
놓아 공개적으로 망신을 주었던 기둥이라고 해서 '수치의 기둥'이라고 불린다. 또한
로마 신화에 등장하는 주피터와 메두사가 새겨져 있는 기둥도 볼 수 있는데, 이곳에

는 주피터와 미네르바를 모시던 신전이 있었다고 전해진다.

　포럼은 지금도 자다르의 중심지와 같은 역할을 하고 있으며, 바로 옆에 넓은 노천 카페가 차려져 있어 뜨거운 햇빛을 피해 휴식을 즐기기 좋은 장소로 관광객들에게 사랑받고 있다. 포럼 근처에는 수공예품을 파는 노점들도 많아 구경하는 재미가 쏠쏠하다.

나로드니 광장과 페트 부나라 광장

Trg Narodni & Trg Pet Bunara

자다르 구시가지의 매력 중 하나는 아기자기하게 나 있는 골목들이다. 이러한 골목들을 따라 돌아다니다 보면 다소 넓은 광장을 발견하게 되는데, 무심코 지나치지 말고 자다르에서 큰 역할을 담당했던 3개의 광장을 둘러보도록 하자. 나로드니 광장과 페트 부나라 광장, 그리고 트리 부나라 광장(Trg Tri Bunara)이다.

나로드니 광장은 자다르의 사회·정치·행정적 중심 역할을 하던 장소다. 자다르 신시가지에서 다리를 건너 땅의 문으로 들어오면 처음 만나게 되는 광장으로, 낮에는 노천카페가 운영되며 다양한 행사가 열리기도 한다. 관광 안내소도 있어 자다르 시내에서 길을 잃었을 경우 일행을 만나기에도 가장 적당한 곳이다. 나로드니 광장의 서쪽에는 1562년에 지은 르네상스 양식의 도시 망루가 있으며, 눈에 잘 띄는 시

계탑은 1798년 오스트리아 제국의 통치를 받던 시절에 만들어진 것이다.

페트 부나라 광장은 외부의 침입을 막기 위해 해자가 있었던 자리에 건설한 광장으로 자다르의 중요한 식수원 역할을 했던 5개의 우물이 있는 곳이다. 이름 또한 '다섯 우물 광장'임을 뜻한다. 자다르 시내를 가로질러 가면 트리 부나라 광장이 있는데 이곳에도 식수원 역할을 했던 3개의 우물이 있다.

해맞이 광장

Pozdrav Suncu(Greetings to the Sun)

영화감독 알프레드 히치콕이 극찬했던 자다르의 노을은 크로아티아 여행에서 반드시 봐야 할 풍경 중 하나다. 아드리아 해를 바라보고 있는 달마티아 지방의 노을이 모두 아름답지만 자다르는 붉게 타는 노을이 주변 경관과 잘 어우러져 환상적인 분위기를 연출한다. 또한 맑은 아드리아 해의 바닷물에 발을 담그고 노을을 감상할 수 있어 많은 관광객들에게 사랑받고 있다.

자다르 구시가지의 북동쪽 끝에는 '해맞이 광장'이라고 불리는 넓은 광장이 있다. 크로아티아의 건축가인 니콜라 바시치가 설계한 해맞이 광장은 포장된 광장을 지름 22m의 원형으로 파고, 그 안에 태양열 집열판과 램프를 설치한 다음 튼튼한 다층 유리판으로 덮은 것이다. 낮에는 태양열 집열판이 전기를 모아두었다가 해가 지

면 다양한 색상과 무늬의 빛을 보여준다.

해맞이 광장의 태양열 집열판에 의해 모아진 전기의 양은 자다르 항구의 전면에 있는 조명 시스템 전체를 밝힐 수 있을 정도로 충분하다고 한다. 달마티아 지방의 뜨거운 햇빛이 만들어내는 선물이다. 해맞이 광장에서 펼쳐지는 빛의 향연이 자다르의 노을과 어우러지면 관광객들의 감탄이 절로 나오게 만드는 풍경이 펼쳐진다. 자다르 최고의 명물 중 하나로 손꼽히는 것도 무리가 아니다.

해맞이 광장의 바로 옆에는 바다 오르간(Morske Orgulje, Sea Organ)이 있다. 이 역시 니콜라 바시치의 작품으로, 바다로 내려가는 돌계단에 구멍을 뚫고 그 안에 파이프를 설치해 파도가 치면 바람이 빠져 나가면서 오르간과 같은 소리를 내게 하는 장치다. 바로 앞의 바다에서 배가 지나가면 파도가 일렁이는데, 파도의 높이에 따라서 바다 오르간이 내는 소리가 점점 커진다. 잘 정돈된 음악이 연주되는 것은 아니지만 묵직한 중저음의 오르간 소리가 불규칙하게 연주되는 것을 듣고 있으면 묘한 느낌을 받는다.

간혹 오르간 역할을 하는 바닥의 구멍에 귀를 대야만 소리가 들리는 것으로 잘못

알고 있는 사람들이 있는데, 오르간 소리가 잘 들리지 않는 것은 귀를 대지 않아서가 아니라 날씨 때문이다. 특히 파도가 거의 치지 않는 날에 배까지 지나가지 않으면 오르간 소리를 잘 들을 수 없다. 배가 지나가기를 기다렸다가 파도가 계단을 때리면 그때 오르간 소리를 충분히 들을 수 있을 것이다.

Tip

니콜라 바시츠(Nikola Bašić, 1946~)
크로아티아의 설치예술가다. 2005년에 만든 세계 최초의 바다 오르간으로 널리 알려졌는데, 섬마을 출신인 그는 파도가 절벽을 때리는 소리를 들으며 자랐고, 이것이 오르간의 시초가 되었다고 한다. 또한 이 바다 오르간은 2006년 '유럽 공공장소 설치예술상'을 받았다. 대표적인 작품으로 바다 오르간과 함께 있는 해맞이 광장, 코르나트 섬의 십자가 필드(Field of Crosses) 등이 있다.

1. 자다르의 맛집

푸른 아드리아 해를 그대로 품고 있는 항구도시이자 많은 관광객들에게 사랑받고 있는 자다르는 유명한 관광지답게 맛집도 많다. 아름다운 아드리아 해를 바라보며 즐기는 식사는 진정한 여유를 느끼게 할 것이다.

레스토랑 브루쉐타(Restaurant Bruschetta)

자다르의 많은 음식점 가운데 한국 사람들의 입맛에 맞는 식당을 찾기란 쉽지 않다. 가장 쉽게 찾을 수 있는 것이 바로 이탈리안 레스토랑이다. 그리고 자다르의 이탈리안 레스토랑 중에서 추천할 만한 곳 하나가 바로 레스토랑 브루쉐타다. 아드리아 해를 바라보는 해변에 있으므로 찾기가 어렵지 않다.

수프나 샐러드, 피자, 파스타, 리조또와 같은 음식을 주문할 수 있으며, 피자나 파스타의 맛이 상당히 훌륭하다. 다만 크로아티아에서 있는 대부분의 이탈리안 레스토랑들이 그렇듯이 음식이 약간 짠 편이라는 것을 명심하자. 바다를 보면서 피자와 리조또를 즐길 수 있다.

◆ **주소:** Ulica Mihovila Pavlinovića 12, 23000, Zadar, Croatia

◆ **전화번호:** +385 23 312 915

◆ **홈페이지:** www.bruschetta.hr

더 가든(The Garden)

구시가지 성벽 위에 자리 잡고 있는 레스토랑으로 저녁이 되면 아주 멋진 항구 전망을 자랑한다. 화려한 조명과 일렉트릭 음악이 어우러진 레스토랑의 분위기는 유럽 유명 휴양지의 클럽을 연상하게 한다. 유럽 휴양지의 북적거리는 저녁 분위기를 느끼고 싶은 사람에게 추천한다.

◆ **주소:** Liburnska obala 6, 23000, Zadar, Croatia

◆ **전화번호:** +385 23 250 631

◆ **홈페이지:** www.watchthegardengrow.eu

포사(Restaurant Foša)

고급스러운 분위기의 레스토랑으로 돌담과 테라스가 잘 어우러진 모던한 실내 장식과 세련된 맛의 음식이 인상적이다. 지중해 스타일의 생선 구이나 튀김, 스테이크 등을 맛볼 수 있고 아몬드 케이크와 같은 디저트도 매우 맛있다.

◆ **주소:** Ulica kralja Dmitra Zvonimira 2, 23420, Zadar, Croatia

◆ **전화번호:** +385 23 314 421

◆ **홈페이지:** www.fosa.hr

코르나트(Kornat)

해맞이 광장에서 멀지 않은 곳에 있는 해변의 레스토랑으로, 자다르에서 손꼽히는 유명한 레스토랑 중 하나다. 쇠고기나 양고기 스테이크, 조개류를 넣은 봉골레 파스타 등이 맛있다.

◆ **주소:** Liburnska obala 6, 23000, Zadar, Croatia

◆ **전화번호:** +385 23 254 501

◆ **홈페이지:** www.restaurant-kornat.com

2. 자다르의 숙소

자다르는 당일치기로 여행할 수 있을 만큼 크기가 작지만, 아름다운 노을을 충분히 맛보고 해변을 바라보며 저녁까지 먹을 계획이라면 하루 정도 숙박을 하는 것이 좋다. 다만 유명한 관광지이기 때문에 숙소의 가격이 저렴하지 않은 것이 다소 아쉬운 점인데, 대신 깨끗한 시설과 좋은 서비스를 제공하는 곳이 많으므로 안심하고 숙소를 구할 수 있다.

일행이 4명 혹은 그 이상이라면 구시가지에서 벗어난 곳에 있는 아파트먼트를 예약하는 것이 좋다. 외곽이라고는 하지만 실제로는 다리 하나만 건너면 되는 거리이므로 이동에는 전혀 부담이 없다. 또한 굉장히 관리가 잘 되어 있으며 방이 여러 개이므로 별도로 호텔을 예약하는 것에 비해 저렴하다는 것도 장점이다. 터미널은 구시가지와 상당히 떨어져 있어 도보로 이동하기에는 다소 힘들기 때문에 숙소를 구할 때 터미널 인근은 피하는 것이 좋다.

부티크 호스텔 포럼(Boutique Hostel Forum)

구시가지 내에서 숙소를 구하기 원한다면 추천할 만한 숙소 중 하나가 바로 부티크 호스텔 포럼이다. 이름에서도 알 수 있듯이 자다르 구시가지의 중심인 로만 포럼 바로 옆에 위치하고 있으며, 관공서로 쓰이던 건물을 최근에 리모델링했기 때문에 시설도 깔끔한 편이다. 부티크 호스텔 포럼은 호텔과 비슷한 개념의 1~2인용 객실과, 4인이 동시에 들어가는 도미토리를 제공한다. 도미토리가 매우 인상적인데 하나의 방에 2층 침대 2개를 가져다 놓은 것과 같은 일반적인 개념의 도미토리가 아니라 벽을 사이에 두고 양쪽에 독립된 공간처럼 2층 침대가 있어서 다른 사람에게 신경을 조금 덜 써도 된다는 장점이 있다.

◆ **주소:** Široka ulica 20, 23000, Zadar, Croatia

◆ **전화번호:** +385 23 253 031

◆ **홈페이지:** www.hostelforumzadar.com

아트 호텔 칼레라르가(Art Hotel Kalelarga)

자다르 구시가지 중앙에 위치한 호텔로, 모던하면서도 포근한 느낌을 주는 인테리어가 인상적이다. 객실 수가 많지 않아 성수기에는 예약하기 힘든 곳이기도 하다. 자다르의 중앙을 가로지르는 시로카 거리는 예전에 '칼레라르가 거리'라고 불렸는데 호텔의 이름은 이 거리에서 비롯되었다. 1층에는 고메 칼레라르가(Gourmet Kalelarga)라는 레스토랑이 있는데 이탈리아 및 지중해식 요리와 다양한 디저트를 맛볼 수 있다.

◆ **주소:** Ulica Majke Margarite 3, 23000, Zadar, Croatia

◆ **전화번호:** +385 23 233 000

◆ **홈페이지:** www.arthotel-kalelarga.com

자다르 관광에서 빼놓을 수 없는 아이스크림

유럽 여행을 하다 보면 유럽 사람들이 얼마나 아이스크림을 사랑하는지 알게 되는데, 크로아티아도 예외
가 아니다. 특히 자다르 구시가지의 시로카 거리를 걷다 보면 아이스크림을 파는 가게들이 줄지어 있는
것을 볼 수 있다. 이 아이스크림 매장은 자다르에서 가장 인기 있는 장소 중 하나로, 뜨거운 햇빛을 맞으
며 걷다 보면 아이스크림의 유혹을 피하기 어려울 것이다.

넷째 날,

고대 로마의 유적이 살아 숨쉬는
스플리트

해변에서 보이는 거대한 페리와 분위기 좋은 식당은 그저 스플리트의 겉모습일 뿐이다. 조금만 발을 옮기면 로마 시대부터 중세 시대를 거쳐 지금까지 그 모습을 그대로 간직하고 있는 디오 클레티아누스 궁전이 있고, 석회암으로 만들어진 건물 사이의 좁은 골목과 그 위에 널린 빨래는 스플리트가 평범한 관광지가 아니라는 걸 알게 해준다. 눈을 좀더 크게 뜨고 구석구석을 살핀다면 스플리트의 매력에 푹 빠질 것이다.

생선 시장
코노바 마테유스카
나로드니 광장
팰리스
주디타
헤리티지 호텔
Marmontova ul.
Zadarska ul.
Obala Hrvatskog narodnog preporoda

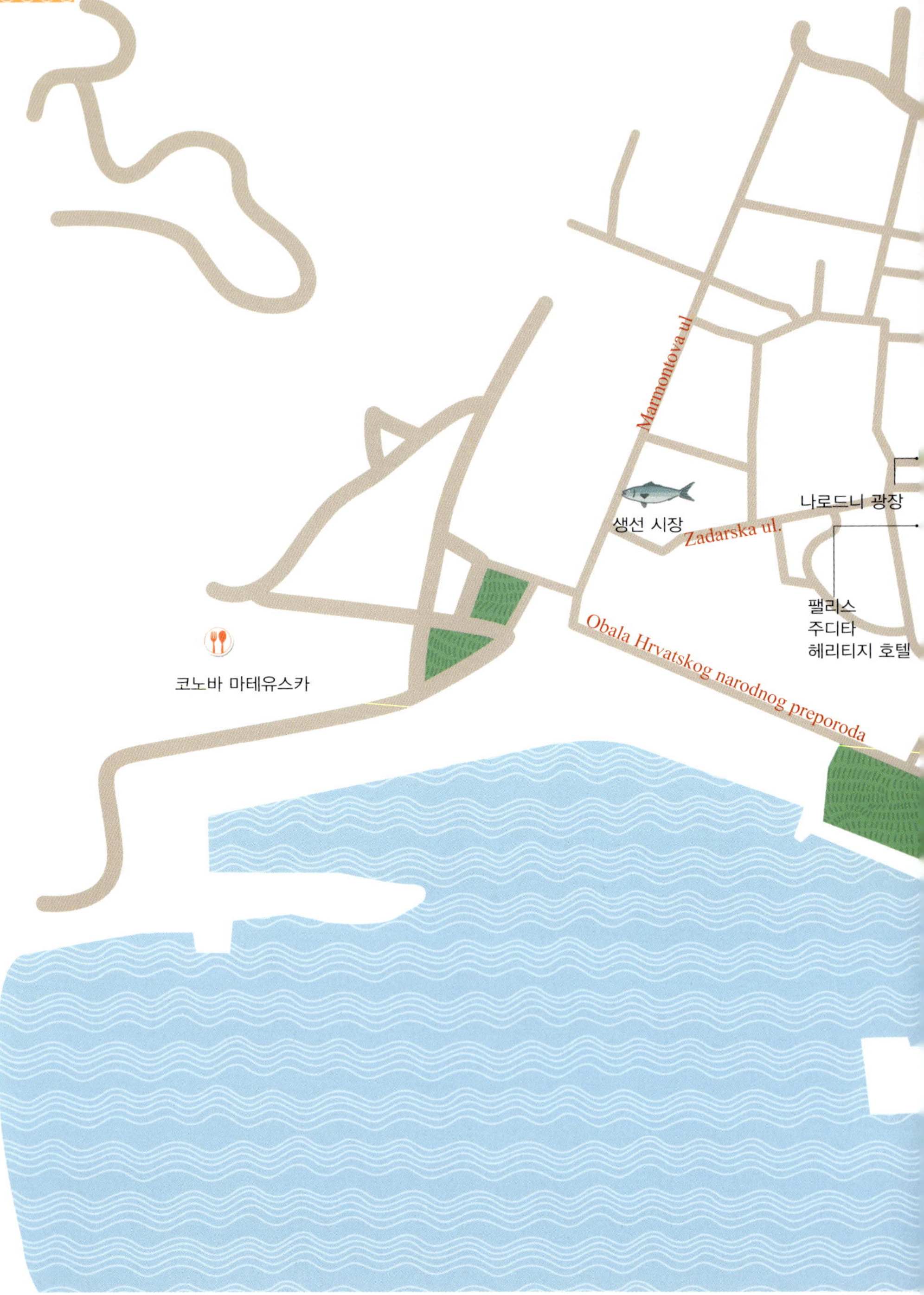

그레고리우스 닌
동상
Ul. kralja Tomislava
Bosanska ul.
황금의 문
핏제리아
포르타
철의 문
Dioklecijanova ul.
주피터
럭셔리 호텔
코스바 코르타
Ul. Julija Nepota
Ul. Hrvoja Vukčića Hrvatinića
피가
열주 광장
주피터 신전
호텔 페리스틸
디오클레티아누스
궁전
성 돔니우스 대성당
지하 궁전과 통로
Ul. Stari pazar
Severova ul.
동의 문
시장
Ul. kralja Zvonimira
호텔 럭스
스플리트
버스 터미널

1. 처음 만나는 스플리트

달마티아 주의 주도인 스플리트는 크로아티아 제2의 도시로, 아드리아 해의 중심 역할을 하고 있으며 국외에서 크로아티아를 방문할 때 주요 거점으로 삼는 도시 중 하나다. 특히 이탈리아나 주변 국가를 오가는 대형 페리를 이용할 수 있어 많은 관광객들이 찾고 있다.

한국 여행객이 크로아티아를 방문하는 경우 보통 자그레브나 두브로브니크에서 여행을 시작하는데, 스플리트는 중간 지점에 있기 때문에 여행을 점검하고 휴식을 취하기에 적당하다. 또한 스플리트에서 아드리아 해의 아름다운 섬들을 갈 수 있다는 것도 중요한 장점 중 하나다.

스플리트가 역사에 처음 등장한 것은 3세기 로마의 황제였던 디오클레티아누스가 이곳에 은퇴 후 거주할 궁전을 건축하면서부터다. 디오클레티아누스는 다른 황제들과 달리 황제 자리에서 스스로 내려와 이곳에서 여생을 보냈는데, 디오클레티아누스의 궁전은 스플리트의 상징으로 자리 잡았다. 동로마 제국과 서로마 제국으로 분리된 후에는 동로마 제국(비잔틴 제국)의 통치를 받았으며, 8세기에 남하한 슬라브족이 크로아티아를 지배하면서 스플리트도 슬라브족의 영향력 아래 들어가게 된다.

스플리트는 아드리아 해의 요충지 중 하나였기 때문에 중세 시대에는 크로아티아 왕국의 지배 아래에 있었지만 상당한 수준의 자치를 보장받을 정도로 번영을 누렸다. 그러나 1420년 베네치아 공화국이 달마티아 지방을 침공해 스플리트를 점령하면서 쇠퇴하기 시작했고, 18세기 이후부터 제1차 세계대전까지는 오스트리아 제국의 영토로 남아 있었다.

2. 스플리트로 가는 방법

스플리트는 크로아티아 제2의 도시인 만큼 다양한 교통수단을 이용해 갈 수 있다. 크로아티아 내에서 이동을 하고자 할 경우에는 버스를 이용하는 것이 가장 무난하지만 기차를 탈 수도 있고, 국외에서 오는 경우 비행기를 이용하는 것도 가능하다.

스플리트 버스 터미널은 스플리트 항구 바로 옆에 위치하고 있으며, 주요 관광지가 모여 있는 구시가지와도 거리가 가깝다. 크로아티아의 각 도시로 갈 수 있는 국내 노선과 보스니아, 세르비아, 슬로베니아, 오스트리아 등 주변 국가로 이동 가능한 국제 노선을 운행하고 있다. 스플리트에서 숙박을 하면서 주변의 작은 도시에 다녀오는 일정을 계획했다면 버스 터미널의 위치를 잘 알아두어야 한다. 버스 터미널에서 디오클레티아누스 궁전까지는 도보로 5분, 약 400m 정도만 이동하면 된다.

◆ **주소:** Obala Kneza Domagoja br.12, 21000, Split, Croatia

◆ **전화번호:** +385 60 327 777(국내선), +385 21 329 199(국제선)

◆ **홈페이지:** www.ak-split.hr

버스를 이용해 자다르에서 스플리트로 가기

자다르에서 버스를 이용해 스플리트로 가고자 하는 경우에는 자다르 버스 터미널에서 스플리트행 버스를 탑승해야 한다. 자다르 버스 터미널에서 표를 직접 구입해도 되고 다른 지역처럼 겟바이버스 홈페이지(getbybus.com)에서 버스표를 예약해도 된다. 계절에 따라 운행하는 시간이나 운행 횟수가 다르기 때문에 가급적이면 홈페이지에서 시간을 확인하고 예약까지 하는 것이 좋다. 요금은 110~126kn가량으로 시간에 따라 다소 차이가 난다. 자다르에서 스플리트까지는 2시간~3시간 30분 정도 걸린다.

버스를 이용해 두브로브니크에서 스플리트로 가기

두브로브니크 버스 터미널에서 스플리트까지 가는 버스를 탑승할 수도 있다. 겟바이버스 홈페이지에서 운행 시간을 확인하고 예약할 수 있으며, 홈페이지에서 예약이 불가능한 시간의 버스표는 터미널에서 직접 구입하면 된다. 출발 당일에는 표를 구하기 어려울 수 있으므로 하루나 이틀 전에 터미널을 방문해서 표를 구매하는 것을 추천한다. 요금은 약 125kn이며, 4~5시간가량 소요된다.

인접한 국가에서 크로아티아로 들어올 경우 자그레브나 두브로브니크로 들어오는 사람들이 많지만 스플리트를 이용할 수도 있다. 주로 독일이나 이탈리아 쪽에서 들어오는 비행기들이 많은데 로마, 프랑크푸르트, 슈투트가르트, 하노버, 뮌헨 등에서 스플리트로 들어올 수 있다. 스플리트국제공항에 도착하면 구시가지로 오기 위해 공항버스나 일반 버스, 택시를 이용하게 되며, 자그레브국제공항과 마찬가지로 플레소 공항버스를 이용할 수도 있다.

◆ **주소:** Cesta Dr. Franje Tuđmana, 21216, Kaštel Štafilić, Croatia

◆ **전화번호:** +385 21 203 555

◆ **홈페이지:** www.split-airport.hr

플레소 공항버스를 이용해 스플리트 시내로 가기

새벽 5시 30분부터 오후 6시까지 30분 간격으로 스플리트국제공항과 스플리트 버스 터미널 사이를 운행한다. 티켓 예약은 플레소 공항버스 홈페이지(www.plesoprijevoz.hr)에서 할 수 있다. 스플리트국제공항에서 스플리트 버스 터미널까지는 약 30분가량 소요된다.

일반 버스를 이용해 스플리트 시내로 가기

스플리트국제공항에서 시내까지 운행하는 일반 버스 노선이 있다. 37번 노선은 스플리트 인근의 도시인 트로기르에서 스플리트를 왕복하며, 주중에는 새벽 4시부터, 주말에는 새벽 4시 30분부터 20~30분 간격으로 운행한다. 다만 스플리트 버스 터미널이 종착지가 아니라 수코이산(Sukoišan) 버스 터미널이 종착지이기 때문에 구시가지까지는 조금 걸어와야 하는 단점이 있다.

택시를 이용해 스플리트 시내로 가기

스플리트국제공항 앞에서 택시 탑승이 가능하다. 다소 비싸기는 하지만 일행이 여러 명이라면 택시를 타는 것이 좀더 편리하다. 스플리트 공항에서 스플리트 버스 터미널이나 시내의 호텔까지 보통 32€, 혹은 250kn 정도의 요금을 정액으로 받는다.

대부분의 여행객은 자그레브에서 여행을 시작해 플리트비체 호수 국립공원을 중간에 들르기 때문에 스플리트까지 기차를 타는 경우가 많지 않지만, 만약 플리트비체 호수 국립공원이나 자다르 등 중간에 다른 지역을 들르지 않는다면 기차를 이용하는 것도 좋은 방법이다.

자그레브에서 스플리트까지 주간 2편, 야간 2편의 열차가 운행된다. 주간에는 새벽 7시 34분에 출발해 오후 1시 38분에 도착하는 열차와, 오후 3시 20분에 출발해 밤 9시 18분에 도착하는 열차가 운행되고, 야간에는 밤 9시 30분에 출발해 다음 날 새벽 5시 50분에 도착하는 열차와 밤 11시 5분에 출발해 다음 날 새벽 7시에 도착하는 기차가 운행된다.

자다르에서는 새벽 7시 35분에 출발해 오후 1시 38분에 도착하는 기차와 오후 2시 40분에 출발해 밤 9시 18분에 도착하는 스플리트행 기차를 탈 수 있다. 그러나 버스에 비해 시간이 상당히 오래 걸리므로 그다지 추천하지는 않는다.

◆ **주소:** Obala kneza Domagoja 9, 21000, Split, Croatia

◆ **전화번호:** +385 21 338 525

Tip

야간기차 이용하기

유럽 여행을 하다 보면 숙박비나 이동 시간 등을 아낄 목적으로 야간에 기차를 타고 이동하는 경우도 많은데 일부 유럽 국가에서는 야간기차의 치안 상태가 그리 좋지 못하다. 물론 크로아티아의 경우에는 다른 동유럽 국가들에 비해 치안이 나쁘지 않지만 간혹 짐을 도난당하는 일도 발생하므로 야간기차를 탄다면 문단속을 철저히 하고 도난에 대비하는 것이 필요하다.

디오클레티아누스 궁전

Dioklecijanova Palača(Diocletian's Palace)

스플리트의 가장 큰 매력 중 하나는 로마 시대의 유적을 곳곳에서 만날 수 있다는 것이다. 그 중에서도 가장 매력적인 볼거리는 로마의 황제였던 디오클레티아누스가 지은 궁전으로, 디오클레티아누스 황제가 은퇴 후 지내기 위해 295~305년에 걸쳐 건축했으며, 인근의 브라치 섬에서 광택이 나는 최고급의 백색 석회암과 이탈리아 및 그리스의 대리석, 이집트의 스핑크스와 기둥을 가져오는 등 화려한 모습으로 완성되었다. 이집트에서 가져온 기둥에 백색 석회암을 얹어 조각해 완성한 기둥을 보면 감탄을 금치 못할 것이다.

황제의 거주지이면서 군사 요새이기도 한 디오클레티아누스 궁전은 가로 215m, 세로 181m, 총 면적은 31,000m²에 이른다. 사방의 벽에는 금속 이름을 붙인 문이 있

디오클레티아누스 궁전

는데 북쪽 끝에는 금의 문(Golden Gate), 남쪽 끝에는 동의 문(Bronze Gate), 동쪽에는 은의 문(Silver Gate), 서쪽에는 철의 문(Iron Gate)이 있다.

디오클레티아누스 황제가 죽은 뒤에도 궁전은 한동안 로마 황제의 별장으로 사용되었다. 그러다 근처 로마의 식민지였던 살로나[Salona: 지금의 솔린(Solin)]가 외부의 침입으로 버려지면서 주민들 다수와 스플리트로 도망와 궁전에 숨어 살게 되었고, 이후 궁전은 사람들이 생활하는 주거 공간으로 바뀌게 된다. 아직도 스플리트에는 당시 숨어 있던 로마 사람들의 후손이 살고 있다고 한다.

중세 시대에는 기존의 구조를 변경했는데 지금 볼 수 있는 길이나 광장 등은 중세 시대에 만들어진 것이며, 로마네스크 양식의 교회와 종탑, 고딕 양식과 르네상스 · 바로크 양식의 건물들이 들어서면서 지금과 같은 모습을 갖추게 되었다. 이러한 역사를 거쳐 디오클레티아누스 궁전은 약 1,700년에 이르는 역사가 숨 쉬는 공간으로 자리 잡았으며, 1979년 유네스코는 궁전과 구시가지를 세계문화유산에 등재했다.

디오클레티아누스 궁전의 중앙에는 열주 광장(Trg Peristil)이 있다. 광장 옆으로 늘어선 기둥은 이집트에서 가져온 것으로, 그 위에 석회암으로 다시 구조물을 만들어 얹는 식으로 궁전을 지었다.

광장의 양쪽으로는 계단이 있는데 광장에서 벌어지는 공연을 보면서 휴식을 취할 수 있으며, 계단에 앉아 커피나 와인을 마시는 사람들도 쉽게 볼 수 있다. 또한 로마 시대의 병사로 분장한 사람들이 약간의 돈을 받고 관광객들과 사진을 찍는 모습도 흔히 볼 수 있는 풍경 중 하나다.

광장은 외부로 연결되는 4개의 문과 직선으로 연결된다. 남쪽 계단을 내려가면 지하 궁전과 연결된 통로가 있으며 이곳을 지나면 동의 문이 나온다. 동의 문을 나가면 바로 바다가 보인다. 북쪽으로 나 있는 금의 문은 신하나 군사, 하인들이 머물던 공간으로 연결되며, 골목을 통해 궁전 바깥으로 나가면 거대한 그레고리우스 닌의 동상을 볼 수 있다. 광장 동쪽은 성 돔니우스 대성당을 지나 은의 문으로 연결되는데 그곳으로 나가면 전통 시장과 푸드 마켓을 만날 수 있다. 서쪽은 주피터 신전이 있으며 철의 문과 연결된다. 이 문을 나가면 나로드니 광장과 연결된다.

디오클레티아누스 궁전의 열주 광장은 스플리트 관광의 시작과 끝이라고 해도 좋을 정도로 중요한 곳이므로 이곳을 중심으로 일정을 짜는 것이 바람직하다. 광장을 중심으로 궁전 안에는 총 220채의 건물이 있으며, 약 3천 명 정도가 실제로 거주하고 있다. 카페나 바, 상점 등이 모여 있고, 특히 스플리트의 맛집들이 모여 있는 곳이기도 하므로 천천히 시간을 가지고 돌아보기를 권한다.

디오클레티아누스 황제(244~311)

로마 시대의 황제로, 혼란스러웠던 군인 황제 시대를 끝내고 후기 로마제국의 기틀을 닦았다. 특히 거대한 로마 제국을 안정적으로 통치하기 위한 집단 지도 체제였던 '4두 정치(Tetrarchia, 테트라키아)'를 확립했다. 아우구스투스의 황제 즉위로 시작된 로마 제국 시대는 3세기에 이르러 극도의 혼란을 겪게 되고, 각지의 군인들이 반란을 일으켜 제멋대로 황제를 즉위시키는 '군인 황제 시대'가 펼쳐진다. 235~284년까지 49년의 짧은 기간 동안 18명의 황제가 즉위했으며, 가장 오랜 시간 제위에 있었던 황제가 불과 5년 296일 동안 자리를 지켰던 고르디아누스 3세였을 정도로 혼란스러웠던 시기였다.

디오클레티아누스 황제는 244년 지금의 스플리트에서 약간 떨어져 있는 살로나에서 태어났다. 황제가 되기 이전의 생활에 대해서는 잘 알려져 있지 않다. 전임 황제였던 누메리아누스의 근위 대장으로 복무하다가 황제가 전장에서 죽으면서 새 황제로 옹립되었다.

디오클레티아누스 황제는 지배력이 로마 제국의 구석구석으로 미치지 못하는 것을 보완하기 위해서 정제와 부제를 2명씩 두는 4두 정치 제도를 도입했다. 동방 정제와 부제, 서방 정제와 부제로 이름 붙여진 4명의 통치자는 각각 다른 거점에서 통치 지역을 나누어 외부 침략을 방어하고 내부 반란에 대비했다. 또한 여러 명의 지도자가 각 지역의 군대를 효율적으로 통솔하면서 외부의 침략을 막아낼 수 있었고, 혈통과 상관없이 능력 있는 사람이 황제가 되게 함으로써 후계자 문제로 일어나는 분란을 차단했다. 물론 이러한 분할 통치는 군사적인 측면에 국한된 것으로 내정이나 외교는 디오클레티아누스 황제가 직접 챙겼다. 또한 민정과 군정을 분리하고 관직 제도를 개편했으며, 새로운 세금 제도를 도입해 왕실이 안정적인 수입을 얻게 했다. 이러한 업적은 후기 로마 제국의 정치적·경제적 기틀을 확립시켰다.

디오클레티아누스 황제의 기독교 박해

디오클레티아누스 황제가 로마 제국을 다스릴 당시 기독교는 사회 전반을 장악할 만큼 큰 힘을 가진 종교는 아니었다. 하지만 적어도 인구의 10% 이상이 기독교도라고 해도 좋을 정도였다. 디오클레티아누스 황제는 중앙집권적 전제 정치를 강화하기 위해 자신을 신성화하려 했으며, 이러한 정책에 반하는 기독교는 탄압의 대상이 될 수밖에 없었다. 가혹하게 기독교를 탄압한 결과 디오클레티아누스 황제는 중요한 업적을 남겼음에도 다른 로마의 황제들에 비해 조명받지 못했다.

성 돔니우스 대성당

Katedrala Sv. Duje(Cathedral of St. Domnius)

디오클레티아누스 궁전 안에 있는 성 돔니우스 대성당은 원래 디오클레티아누스 황제의 무덤으로 지어진 것이지만, 7세기에 성당으로 건축되기 시작했다. 오랜 역사를 거쳤지만 지금까지 재건축 없이 거의 완벽하게 원형을 보존하고 있는, 세계에서 가장 오래된 가톨릭 성당으로 여겨진다. 팔각형 모양의 기둥 24개가 둘러싸고 있으며, 내부에 있는 둥근 돔에는 2줄의 코린트 양식 기둥과 디오클레티아누스 황제 및 그의 아내 프리스차를 묘사해놓은 장식이 있다. 성당 내부에서 본당으로 들어가는 나무 문에는 13세기 안드리야 부비나(Andrija Buvina)가 조각한 로마네스크 양식의 장식이 있는데 나무 문을 28개로 나누어 예수의 인생을 조각한 것이다.

참고로 성 돔니우스는 로마 제국 시절 달마티아 지방의 주교였던 인물로 현재 스

플리트의 수호성인이기도 하다.

스플리트의 상징과도 같은 높이 57m의 성모 마리아 교회 종탑(Crkva Grospe od Zvonika, Church of Our Lady of the Bell Tower)은 1100년에 로마네스크 양식으로 건축되었다. 이후 파괴되는 아픔을 겪기도 했지만 1908년 재건되었으며, 이때 많은 로마네스크 장식이 제거되어 지금의 모습이 되었다. 종탑 앞에는 2개의 사자상이 있으며 오른쪽 벽에는 화강암으로 만들어진 검은색 스핑크스상이 있는데, 기원전 15세기에 이집트에서 만들어진 것을 가져와 장식한 것이다. 종탑은 계단을 통해 올라갈 수 있으며, 종탑에 올라가면 스플리트 시내 전체를 조망할 수 있어 관광객의 필수 코스가 되고 있다.

✚ 이용 안내

◆ **관람 시간:** 월~금요일 08:00~19:00, 토~일요일 12:30~18:30 ◆ **입장료:** 대성당 15kn, 금고 15kn, 종탑 10kn ◆ **주소:** Ulica Kraj Svetog Duje 5, 21000, Split, Croatia

주피터의 신전

Jupiterov Hram(Temple of Jupiter)

성 돔니우스 성당 입구 오른쪽으로는 주피터의 신전이 있다. 화강암으로 만들어진 검은 스핑크스상 바로 옆의 계단을 통해 올라갈 수 있다. 디오클레티아누스는 황제로서 중앙집권적 권력을 강화하기 위해 자신이 그리스 신화의 제우스와 동일한 주피터라고 칭했는데, 이것이 기독교를 박해하는 주요한 원인이 되기도 했다. 궁전이 건축될 당시에는 주피터와 비너스(Venus: 사랑의 여신), 키벨레(Cybele: 땅의 여신)의 신전이 지어졌으며, 이 중 유일하게 주피터의 신전만 남아 있다.

✚ 이용 안내

◆ **관람 시간:** 월~금요일 08:00~19:00, 토~일요일 12:30~18:30　◆ **입장료:** 신전 5kn, 지하실 5kn　◆ **주소:** Ulica Kraj Svetog Ivana 2 21000, Split, Croatia

지하 궁전과 통로

Sale Sotterranee(Cellars of the Dioletian's Palace)

디오클레티아누스 궁전의 열주 광장에서 남쪽을 보면 지하로 내려가는 계단을 볼 수 있다. 이 계단으로 내려가면 상당히 넓은 지하 통로가 나타나는데, 이곳이 지하 궁전으로 가는 통로다. 원래 지하 궁전의 위에는 디오클레티아누스 황제가 거주하던 궁전이 있었으나 지금은 그 터만 남았는데, 아래의 지하 궁전이 황제의 숙소와 동일한 구조로 건축되어 있다.

과거에는 식당, 와인 및 곡식 저장 창고 등으로 활용되었으나 지금은 전시회장과 박물관으로 이용되고 있다. 지하 궁전으로 가는 통로에는 양쪽으로 기념품 가게들이 늘어서 있으며, 스플리트 여행을 기념할 만한 기념품은 여기에서 대부분 구입이 가능하므로 한 번쯤 둘러보는 것이 좋다. 다만 기념품 가게는 저녁 7시가 되면 모두

열주 광장에서 지하 궁전으로 들어가는 문

지하 통로에 위치한 기념품 가게

문을 닫기 때문에 이곳에서 기념품을 구입하려면 조금 서둘러야 한다.

광장에서 지하 통로로 내려가지 않고 위로 올라가면 뚫려 있는 돔형의 천장이 인상적인 황제의 알현실(Predvorje, Vestibule)을 만나게 된다. 돌을 쌓아 만든 돔형의 천장 덕분에 이곳에서 소리를 내면 공연장처럼 울림이 느껴진다.

이곳에서 '클라파(Klapa)'라고 불리는 달마티아 지방의 전통 아카펠라 공연이 자주 펼쳐진다. 클라파는 '친구들의 모임'이라는 뜻으로 교회의 성가대에 뿌리를 두고 있는데, 독특한 멜로디와 창법 때문에 2012년 유네스코 세계무형문화유산에 등재되었다.

클라파는 2명의 테너와 바리톤, 베이스가 노래를 부른다. 최대 12명 정도가 한 그룹을 구성하는데, 최근에는 여성 클라파 그룹도 생겨나고 있다고 한다. 다만 여성과 남성이 같이 노래를 부르지는 않는다.

✚ 이용 안내

◆**관람 시간:** 6~9월 09:00~21:00 | 4~5월 · 10월 09:00~20:00 | 나머지 월~토요일 09:00~18:00, 일요일 09:00~14:00   ◆**입장료:** 일반 40kn, 학생 · 청소년(7~14세) 20kn(지하 통로는 무료)

그레고리우스 닌 동상

Grgur Ninski(Gregory of Nin Statue)

디오클레티아누스 궁전의 북쪽 문인 금의 문을 나오면 바로 보이는 거대한 동상이 바로 그레고리우스 닌의 동상이다. 그레고리우스 닌은 10세기경 활동했던 크로아티아의 주교다. 당시 미사는 일반인들에게 매우 어려웠던 라틴어로만 볼 수 있었는데, 그레고리우스 닌이 바티칸에 간청해서 크로아티아어로 미사를 볼 수 있게 했다. 따라서 가톨릭 국가인 크로아티아에서는 매우 의미 있는 종교 지도자로 받아들여지고 있다.

이 동상은 크로아티아 출신의 세계적인 조각가 이반 메슈트로비치가 청동을 이용해 만든 것으로 높이는 4.5m에 이른다. 원래는 디오클레티아누스 궁전의 열주 광장 안에 있었으나 제2차 세계대전 당시 크로아티아를 점령했던 이탈리아 군대가 궁전

 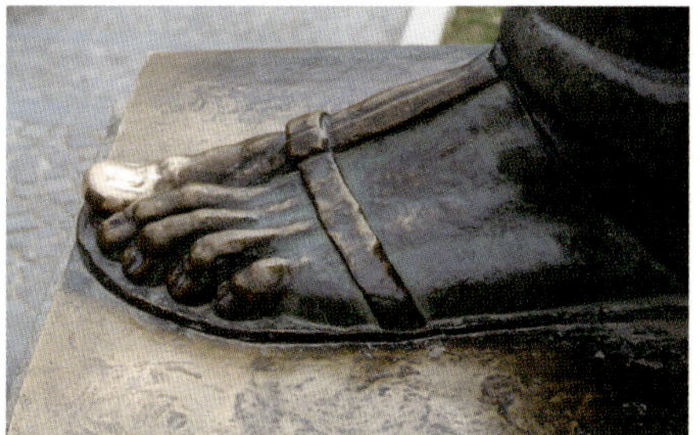

밖으로 옮겼고, 이후 금의 문 바깥에 자리를 잡아 지금에 이르고 있다.

그레고리우스 닌 동상은 엄지발가락을 만지면 행운이 온다는 속설 때문에 관광객들에게 더욱 유명하다. 스플리트를 방문하는 관광객들이 모두 한 번씩은 만진다고 해도 좋을 정도로 인기가 많은데, 동상을 보면 엄지발가락 부분만 반질반질하게 광택이 난다.

Tip

이반 메슈트로비치 갤러리(Galerija Meštrović Ivan Mešrović Gallery)
현대 크로아티아의 예술가 중 가장 위대한 인물로 알려져 있는 이반 메슈트로비치의 작품을 감상할 수 있는 갤러리다. 이 건물은 원래 메슈트로비치가 여름 별장으로 사용하기 위해 1931년부터 짓기 시작했었다. 그러나 제2차 세계대전 당시 메슈트로비치와 그의 주변 사람들이 고초를 겪으면서 메슈트로비치는 미국으로 건너갔으며, 이후 다시는 크로아티아로 돌아오지 않았다. 메슈트로비치의 사후 이 별장을 갤러리로 바꾸고 다양한 작품을 전시하고 있다.

◆ **관람 시간**: 5~9월 화~일요일 09:00~19:00 | 10~4월 화~토요일 09:00~16:00, 일요일 10:00~15:00
◆ **주소**: Šetalište Ivana Meštrovića 46, 21000, Split, Croatia ◆ **전화번호**: +385 21 340 800

생선 시장

Ribarnica(Fish Market)

스플리트의 명물 중 하나로 손꼽히는 것이 바로 아침에 열리는 생선 시장이다. 크로 아티아를 여행을 하면서 흔히 보기 힘든 풍경이기 때문에 한 번쯤 들러보는 것이 좋 다. 주요 상점들이 모여 있는 마르몬토바(Marmontova) 거리에서 해변 쪽으로 나오 다 보면 왼쪽에 위치하고 있다. 스플리트에서 아파트먼트에 묵는다면 이곳에서 신 선한 생선을 사서 한 번쯤 요리를 해 먹어보는 것도 좋을 것이다.

생선 시장을 둘러본 뒤 디오클레티아누스 궁전을 가로질러 반대편으로 나가면 또 다른 시장이 있는데, 이곳에서는 다양한 과일과 야채 등을 구입할 수 있다.

◆ **이용 시간**: 06:00~13:00

◆ **가는 방법**: 디오클레티아누스 궁전에서 도보로 4분, 200m 이동한다.

◆ **주소**: Obrov 5, Split, Croatia

Tip

마르얀 언덕(Marjan hill)

tvN 〈꽃보다 누나〉에도 나왔던, 스플리트 전체를 조망할 수 있는 언덕이 바로 마르얀 언덕이다. 스플리트 버스 터미널이나 항구에서 구시가지 쪽을 바라보면 멀리 보이는 언덕인데, 구시가지에서 다소 떨어져 있기 때문에 어느 정도 걸을 각오를 해야 한다.

구시가지에서 해변으로 나와 버스 터미널의 반대 방향으로 걷다 보면 투즈마나 광장(Trg Franje Tuđmana)이 나온다. 이 광장은 마르몬토바 거리와 연결되어 있어 쉽게 찾을 수 있다. 여기에서 다시 좀더 걸어가면 슈페룬(Šperun) 거리에서 마르얀 언덕으로 올라가는 표지판을 볼 수 있고, 이 표지판을 따라서 경사진 길을 올라가면 언덕 꼭대기에 이른다. 구시가지에서 이동할 경우 약 2km 정도를 도보로 걸어야 하므로 왕복 2시간가량을 잡아야 충분히 보고 올 수 있다.

스플리트의 낭만이 살아 있는
해변 둘러보기

스플리트에서 가장 매력적인 장소 중 하나는 바로 해변이다. 디오클레티아누스 궁전에서 동의 문으로 나오면 바로 바닷가가 보이는데, 길을 따라 늘어서 있는 다양한 음식점과 카페는 지중해의 햇살과 푸른 아드리아 해를 바라보며 낭만을 즐기기에 더없이 좋은 장소다.

낮부터 저녁까지는 주로 커피나 맥주, 식사 등을 판매한다. 특이한 것은 아침에도 문을 열어서 아침 메뉴를 판매한다는 것이다. 팬케이크나 샐러드, 빵 등으로 이루어진 세트 메뉴는 상당히 알차다.

해변에 위치한 카페에서는 무료 와이파이를 제공하는 경우가 많다. 커피나 음료 등을 마시면서 스마트폰으로 인터넷을 즐길 수 있다는 것이 큰 매력 중 하나다. 스플리트를 방문한다면 이 거리를 꼭 가보자.

1. 스플리트의 맛집

크로아티아는 이탈리아의 영향을 많이 받았으므로 가장 쉽게 찾아볼 수 있는 레스토랑은 이탈리안 레스토랑이다. 스플리트는 여기에 더해 해산물 식당도 다양하다.

핏제리아 포르타 스플리트 크로아티아(Pizzeria Portas Split Croatia)

스플리트에서도 손꼽히는 피자집으로 진한 치즈 맛의 피자와 푸짐한 파스타를 비교적 저렴한 가격에 맛볼 수 있다. 실내에 좌석이 있지만 골목 맞은편에 있는 야외 테라스에서도 식사를 할 수 있다. 스플리트의 아기자기한 골목길을 배경으로 푸짐한 저녁 식사에 와인 한 잔을 곁들여도 괜찮을 것이다.

◆ **영업시간:** 11:00~24:00

◆ **주소:** Kod 1 Uica Zlatnih Vrata 1, 21000, Split, Croatia

◆ **전화번호:** +385 21 482 888

코노바 코르타(Konoba Korta)

지중해식 혹은 크로아티아식 전통 요리와 와인을 맛볼 수 있는 레스토랑이다. 테라스 자리에 앉아서 먹는 편안한 점심이 관광객들에게 인기가 많다. 디오클레티아누스 궁전에서 멀지 않은 곳에 위치하고 있다.

- ◆ **영업시간:** 08:00~24:00
- ◆ **주소:** Poljana Grgura Ninskog 3, 21000, Split, Croatia
- ◆ **전화번호:** +385 21 277 455

코노바 마테유스카(Konoba Matejuska)

구시가지에서 해변으로 나와 마르얀 언덕으로 가는 길 골목 안에 위치한 작은 식당이다. 크로아티아 전통 요리가 주 메뉴인데, 신선한 생선 구이나 해산물 요리가 맛있어 관광객들에게 인기가 많다. 피자와 같은 이탈리안 요리도 맛볼 수 있다.

- ◆ **영업시간:** 08:00~23:00
- ◆ **주소:** Trumbićeva obala 21000, Split, Croatia
- ◆ **전화번호:** +385 21 355 152

피가(Figa)

스플리트 구시가지 내에 있는 레스토랑으로, 스플리트에서 가장 유명한 곳 중 하나다. 레스토랑 내부나 외부 모두 아기자기한 분위기로 관광객들에게 인기가 많으며, 다양한 종류의 파스타나 샐러드가 있다.

- ◆ **영업시간:** 08:00~다음 날 02:00
- ◆ **주소:** Andrije Buvine 1, 21000, Split, Croatia
- ◆ **전화번호:** +385 21 274 491

2. 스플리트의 숙소

스플리트는 크로아티아 제2의 도시이자 관광의 중심지이므로 다양한 형태의 숙소를 찾을 수 있다. 다른 관광지와 마찬가지로 구시가지에서 가까운 곳은 숙소가 다소 비싼 편이며, 외곽으로 갈수록 저렴해진다. 그러나 구시가지에서 도보로 이동이 가능한 정도의 거리에서 숙소를 구하는 게 좋다.

팰리스 주디타 헤리티지 호텔(Palace Judita Heritage Hotel)

디오클레티아누스 궁전 마르몬토바 거리 사이에 있는 고급 호텔이다. 실내의 벽은 돌로 되어 있고 고급스러운 가구와 잘 정리된 방을 갖추고 있다. 스플리트를 돌아보기에 가장 좋은 위치에 있는 곳이기도 하다. 유일한 단점이라면 가격이 비싸다는 것이다.

◆ **주소:** Narodni trg 4, 21000, Split, Croatia

◆ **전화번호:** +385 21 420 220

◆ **홈페이지:** www.juditapalace.com

호텔 페리스틸(Hotel Peristil)

디오클레티아누스 궁전 바로 옆에 있으며 창문을 통해 열주 광장을 내려다볼 수 있다. 고풍스러운 느낌이 물씬 풍기는 가구와 나무 바닥이 따뜻한 느낌을 준다. 일부 객실은 예전 궁전의 벽이 노출된 상태로 디자인되어 있다.

◆ **주소:** Poljana kraljice Jelene 5, 21000, Split, Croatia

◆ **전화번호:** +385 21 329 070

◆ **홈페이지:** www.hotelperistil.com

주피터 럭셔리 호텔(Jupiter Luxury Hotel)

주피터 신전 바로 옆에 있는 호텔로 구시가지 관광에 좋은 위치에 있는 호텔 중 하나다. 호텔의 시설이 아주 훌륭한 것은 아니지만 구시가지 내에 있는 호텔 중에서는 그나마 합리적인 가격에 머물 수 있는 호텔이다. '럭셔리'라는 이름에 큰 기대는 갖지 말자.

◆ **주소:** Grabovčeva Širina 1, 21000, Split, Croatia

◆ **전화번호:** +385 21 786 500

◆ **홈페이지:** www.lhjupiter.com

호텔 럭스(Hotel Luxe)

디오클레티아누스 궁전과는 400m 정도 떨어져 있으며, 버스 터미널과 멀지 않은 곳에 있어 이동이 편리한 곳이다. 객실은 크지 않지만 부티크 호텔답게 깔끔하고 정리가 잘 되어 있다. 자쿠지(거품 욕조)나 피트니스 클럽 등을 무료로 이용할 수 있다.

◆ **주소:** Kralja Zvonimira 6, 21000, Split, Croatia

◆ **전화번호:** +385 21 314 444

◆ **홈페이지:** www.hotelluxesplit.com

다섯째 날,

라벤더 향기에 취하는
흐바르 섬

CROATIA

흐바르 섬은 야누스와 같은 모습을 가지고 있는 섬이다. 푸른 바다가 어우러진 아름다운 풍경. 라벤더향기가 가득한 낮에는 아드리아 해 특유의 넉넉함이 느껴지지만 짧고 강렬한 노을이 지나고 밤이 찾아오면 부두에 정박한 초호화 요트에서 휴가를 즐기는 사람들의 화끈한 열정을 느낄 수 있다. '여행'이라는 목적에 쫓긴 사람들에게 진정한 휴가가 무엇인지 보여주는 섬. 그래서 흐바르 섬은 유럽 사람들이 가장 사랑하는 휴양지 중 하나가 되었다.

흐바르섬
일정지도 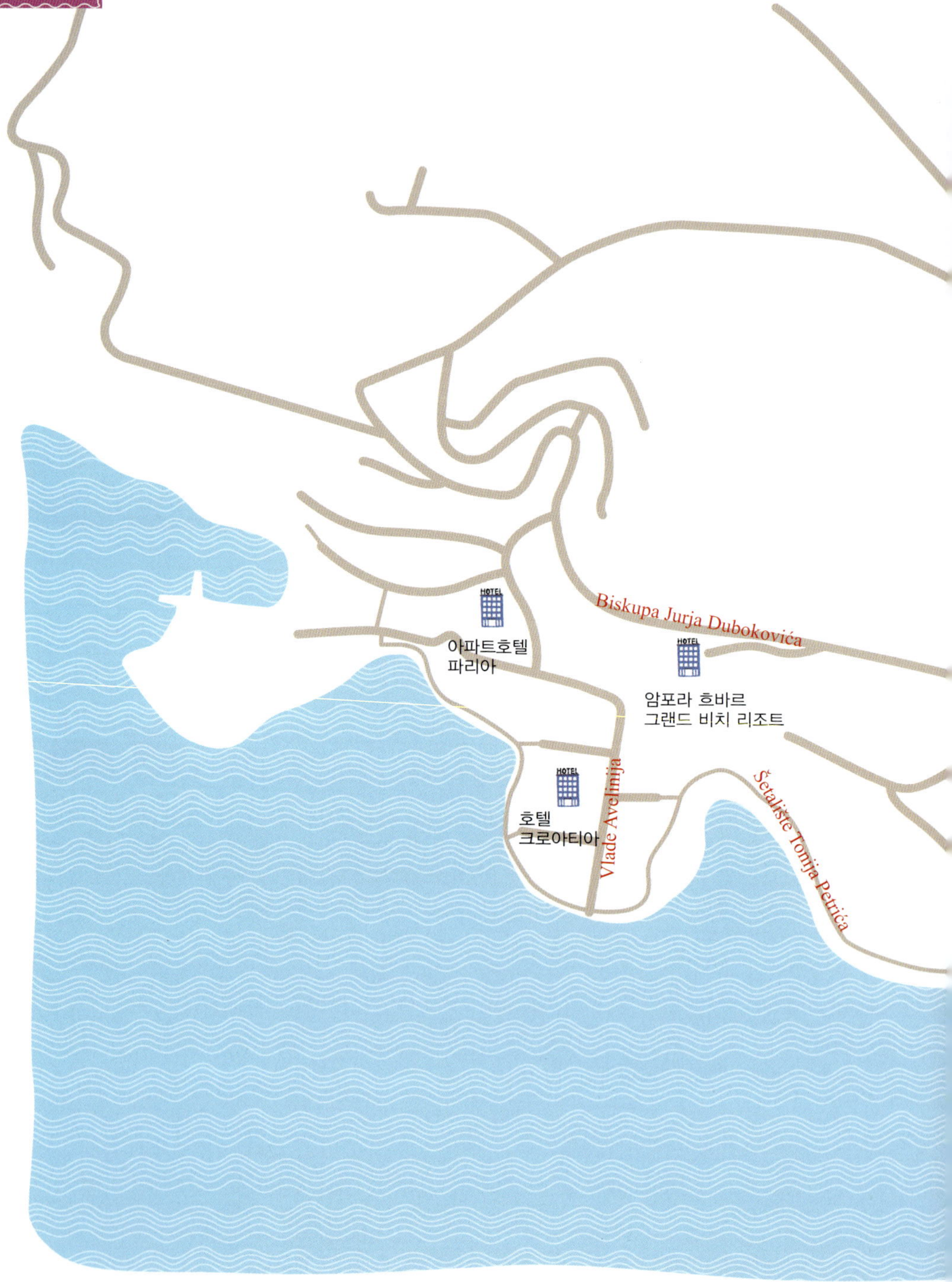
아파트호텔
파리아
HOTEL
Biskupa Jurja Dubokovića
HOTEL
암포라 흐바르
그랜드 비치 리조트
HOTEL
호텔
크로아티아
Vlade Avelinija
Šetalište Tomija Petrića

요새
Higijeničkog društva
레스토랑 루클루스
기얏사
버스 터미널
코노바 메네고
Vlad Stošića
달마티노
아드리아나 흐바르 스파 호텔
성 스테판 광장
성 스테판 성당
Kroz Burak
플라바 알가
페리 선착장
HOTEL

1. 처음 만나는 흐바르 섬

흐바르 섬은 아드리아 해를 사이에 두고 크로아티아 본토와 나란히 길게 뻗어 있는 섬이다. 바다를 건너야 갈 수 있지만 본토에서 그리 멀지 않은 곳에 있기 때문에 쉽게 갈 수 있다. 섬의 총 길이는 68km, 전체 면적은 297.37km²로 상당히 큰 섬이다.

흐바르 섬은 아드리아 해 항로의 중심에 위치해 상업적·군사적으로 매우 중요하다. 고대 그리스인이 지금의 스타리 그라드(Stari Grad)에 정착해 마을을 세웠으며 주변의 평원에서 농사를 짓기 시작했는데, 이 마을은 유럽에서 가장 먼저 건설된 마을 중 하나로 알려져 있다.

중세 시대에는 베네치아 공화국이 흐바르 섬을 지배한다. 전략적 요충지였으므로 베네치아 공화국의 주요 해군 기지가 들어서기도 했다. 활발한 지중해 무역의 경로에 있던 흐바르 섬에는 유럽 각지의 문화가 유입되면서 유럽에서 가장 먼저 극장이 세워질 정도로 번성했던 역사도 있다.

달마티아 지방의 다른 지역과 마찬가지로 베네치아 공화국이 몰락한 뒤에는 오스트리아 제국이 흐바르 섬을 지배했다. 이 기간 동안 흐바르 섬은 와인과 라벤더, 로즈마리의 산지로 이름을 널리 알렸다. 그러나 19세기에 필록세라라는 진딧물에 의한 병충해가 섬 전역에 퍼지면서 와인 생산이 급격히 줄어들었고, 번성했던 흐바르 섬의 경제도 쇠퇴한다.

현재 흐바르 섬은 아름다운 자연경관을 바탕으로 하는 관광 산업이 발전하고 있다. 크로아티아 본토와 흐바르 섬을 연결하는 도시로 지중해 해상 무역의 주요 경로로 발전했던 흐바르 시(Hvar Town)는 일반적인 관광지라기보다는 휴양지에 가까운 분위기다. 흐바르 섬은 크로아티아에서 가장 일조량이 많은 곳(연간 일조시간 약 2,724시간)이고, 눈부시게 푸르고 맑은 아드리아 해의 분위기를 가장 잘 즐길 수 있는 곳이기 때문에 럭셔리한 호텔과 바, 클럽, 카페와 레스토랑이 가득하다.

흥청망청한 분위기의 흐바르 시를 조금만 벗어나면 한적한 풍경이 펼쳐진다. 다소 썰렁한 느낌마저 주는 스타리 그라드를 지나면 넓은 라벤더 밭이 곳곳에 펼쳐지는데, 라벤더는 세계적으로도 잘 알려져 있는 흐바르 섬의 특산물로 매년 6월 말 벨로 그라블레(Velo Grablje) 마을에서는 라벤더 축제가 열린다. 축제 기간 동안에는 전시회와 콘서트, 와인 시음회 등 다양한 행사가 진행되며 이때가 흐바르 섬에 가장 많은 관광객이 찾는 기간이다.

2. 흐바르 섬으로 가는 방법

흐바르 섬으로 들어갈 때는 배편을 이용해야 한다. 아드리아 해의 주변 섬으로 배편을 운행하는 가장 큰 회사는 야드롤리니야(Jadrolinija)다. 이 회사는 1947년 설립되었으며, 현재는 크로아티아의 국영 회사로 크로아티아 주변의 섬들과 이탈리아 등을 연결하는 주요 배편을 운행하고 있다. 이외에도 크릴로(Krilo) 등의 회사들이 흐바르 섬까지 배를 운항한다. 페리나 카타마란(Catamaran: 쌍동선)을 이용해 흐바르 섬에 들어갈 수 있는 항구는 흐바르 시, 스타리 그라드, 수쿠라이(Sucuraj) 등 3곳이다.

페리를 이용하기 위해서는 사전에 표를 예약하는 것이 좋다. 특히 렌터카를 이용한다면 차를 페리에 실어야 하는데 늦을 경우 차를 싣지 못할 수도 있으므로 시간 여유를 가지고 항구에 일찍 나가 있는 것이 좋다.

스플리트에서 가는 방법

흐바르 섬의 주요 숙박 시설과 관광지는 흐바르 시에 모여 있으므로 스플리트에서 흐바르 시까지 운행하는 페리에 탑승하는 것이 가장 편리하다. 다만 흐바르 시까지 운행하는 배는 카타마란으로 속도는 빠르지만 차를 실을 수 없기 때문에 렌터카를 이용하는 관광객은 스타리 그라드까지 운행하는 배에 탑승해야 한다.

스플리트에서 스타리 그라드까지 성수기에는 하루 6회, 비수기에는 하루 3회 왕복 노선이 운항한다. 스타리 그라드는 항구를 제외하면 크게 볼 것이 없기 때문에 내리자마자 바로 옆에 있는 터미널로 이동해 버스를 타고 흐바르 시로 이동한다. 스타리 그라드에서 흐바르 시까지는 자동차로 약 20분 정도 소요된다.

두브로브니크에서 가는 방법

두브로브니크 방면에서 흐바르 섬을 방문하고자 한다면 드르베니크(Drevenik)에서 흐바르 섬으로 가는 페리에 탑승하면 된다. 드르베니크에서 운행하는 페리는 흐바르 섬의 남쪽 끝에 위치한 수쿠라이에 도착하는데, 수쿠라이는 흐바르 섬에서 본토에 가장 가까운 마을로 35분가량 걸린다. 두브로브니크에서 렌터카를 가지고 출발하는 관광객들이 주로 이 경로를 이용한다. 수쿠라이에서 차를 타고 1시간 30분~2시간 정도 이동하면 흐바르 시에 다다를 수 있다.

수쿠라이행 페리에는 차량을 32대 정도만 실을 수 있고 미리 예약이 불가능하기 때문에 항구 앞에 차를 대놓고 기다려야 하는 불편함이 있다. 또한 운행 간격이 길기 때문에 차량을 싣지 못하면 배가 다시 올 때까지 한참 동안 기다려야 하는 문제가 발생할 수도 있다. 만약 성수기에 렌터카를 이용해 드르베니크에서 수쿠라이로 들어갈 거라면 미리 서둘러서 드르베니크 항구에 차를 대놓는 것이 좋다.

Tip

흐바르 섬을 오가는 페리와 카타마란

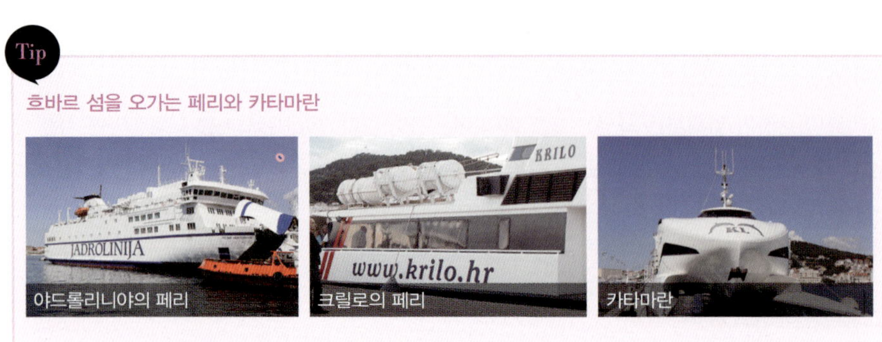

야드롤리니야의 페리　　　크릴로의 페리　　　카타마란

성 스테판 광장

Trg Sv. Stjepan

흐바르 시의 중심으로 면적이 4,500m²에 이르는, 달마티아에서 가장 큰 광장 중 하나다. 13세기에는 광장 북쪽으로 도시가 발달했다가 15세기부터는 광장 남쪽까지 발달하게 되었다. 광장을 중심으로 각종 식당과 카페, 마트 등 중요한 시설이 있어서 흐바르 시를 관광할 때 자주 지나게 되는 장소이며, 밤에는 광장 옆의 레스토랑에서 노천 좌석을 펼쳐놓기 때문에 분위기 있는 저녁 식사를 할 수도 있다. 광장 끝에는 성 스테판 성당(Sv. Stjepana, St. Stephen's Catedral)이 있다.

광장에서 바로 보이는, 높은 탑이 있는 건물이 바로 성 스테판 성당이다. 6세기 경 교회로 지어졌다가 이후 베네딕도회의 수녀원으로 바뀌었으며, 오스만튀르크의 침략으로 파괴된 교회를 16~17세기 달마티아 르네상스 양식의 성당으로 재건했다.

알로에 레이스 공예

유네스코의 세계인류무형문화유산에 등재된 크로아티아의 문화유산 중 눈여겨보아야 하는 것이 바로 레이스 공예다.

레이스는 바늘과 실을 이용해 짠, 독특한 패턴의 무늬가 있는 천으로 커튼이나 식탁보, 속옷 등에 주로 쓰인다. 크로아티아에는 서로 다른 3가지의 레이스 공예가 전해지고 있는데, 자다르 인근의 파그(Pag) 마을에서 전해지는 '니들포인트 레이스 공예'와 크로아티아 북부 레포글라바(Lopoglava)에서 전해지는 '보빈 레이스 공예', 그리고 달마티아의 흐바르 섬에서 전해지는 '알로에(용설란) 레이스 공예'다.

흐바르 섬에서 전해지는 알로에 레이스 공예는 19세기 중엽부터 시작된 것으로 알려져 있으며, 다른 지역에 전해지지 않고 흐바르 섬에 있는 베네딕도회 수도원의 수녀들에 의해 전통이 계승되고 있다. 알로에 잎의 심에서 추출한 실을 이용해 레이스를 만드는데, 밑그림을 따로 그리지 않고 두꺼운 마분지를 댄 상태에서 다양한 기하학적 무늬를 만들어낸다. 이렇게 만들어진 레이스는 라벤더와 함께 흐바르 섬의 상징처럼 여겨지고 있으며 기념품 등으로 많은 판매가 이루어지고 있다.

요새

Tvrđava Španjol(Spanjola Fortress)

흐바르 시를 한눈에 볼 수 있는 장소로 도시 뒤쪽에 위치한 산의 가장 높은 곳에 있다. 성 스테판 광장 오른쪽에 있는 계단길을 따라 올라가면 요새에 이르는데, 표지판이 있기 때문에 쉽게 찾아갈 수 있다. 20분쯤 걸어 올라가야 하므로 천천히 쉬면서 올라가는 것을 추천한다.

이 요새는 흐바르 섬에 정착해 살던 일리리아인들이 방어 목적으로 만들었던 곳이다. 그러나 흐바르 섬이 베네치아 공화국의 지배하에 들어간 뒤로 요새화되었으며, 요새의 양쪽으로는 방어를 위한 성벽이 쌓였다. 당시 요새의 건축을 담당했던 사람이 스페인의 군사 기술자였기 때문에 지금도 이 요새를 스페인 요새(Spanish Fortress)라 부르기도 하며, 베네치안 요새(Spanol Fortress)라 부르기도 한다.

　　요새 입장은 유료다. 그리 크지 않기 때문에 간단히 둘러볼 수 있는데 요새에서 바라보는 흐바르 시의 풍경은 그야말로 절경이다. 흐바르 섬이 왜 세계에서 가장 아름다운 섬 중 하나로 꼽히는지를 실감할 수 있는 장소이므로 흐바르 관광에서 가장 중요하며 빼놓아서는 안 된다.

　　요새를 관람할 때 주의해야 할 점이 있다. 5월부터 달마티안 지방의 햇볕은 매우 뜨겁게 타오르는데, 요새에 올라가면 그늘이 거의 없기 때문에 뜨거운 햇빛에 오랜 시간 그대로 노출될 가능성이 높다. 반드시 모자를 쓰고 선크림을 바른 뒤 올라가는 것을 권하며 햇빛 아래 오래 서 있지 말고 그늘에서 적당히 머리를 식히면서 둘러보아야 한다.

◆ **관람 시간:** 09:00~21:00(성수기 기준)
◆ **입장료:** 30Kn
◆ **주소:** Milana Kukurina 2, 21450, Hvar, Croatia

흥청망청 마음대로 즐기는
흐바르 섬의 밤 이야기

여행 기간이 짧은 경우에는 보통 흐바르 섬 관광을 건너뛰는 경우가 많다. 당일치기로 흐바르 섬을 둘러보는 것도 가능하지만 스플리트에서 배를 타고 최소한 1시간 30분을 이동해야 하므로 보통은 흐바르 섬 관광에 하루를 거의 다 소비해야 하기 때문이다.

당일치기로 흐바르 섬의 풍경 일부만 보고 오는 것은 추천하지 않는다. 흐바르 섬은 낮에는 아드리아 해의 전형적인 풍경을 보여주지만, 유럽에서 가장 유명한 휴양지 중 하나답게 밤에는 또 다른 풍경을 보여주기 때문이다. 흐바르 섬의 밤을 맛보기 위해서라도 하루 정도는 숙박하는 것을 권하고 싶다.

흐바르 시의 항구에는 밤마다 초호화 요트가 정박한다. 요트에서는 매일 밤 화려한 파티가 벌어지는데 유럽에서 소위 '돈 좀 있다'고 하는 사람들이 어떻게 선상 파티를 즐기는지 볼 수 있다. 그뿐만 아니라 해변에 위치한 호텔에서도 매일 밤 파티가 벌어지며, 흐바르 시의 레스토랑이나 술집에서도 휴양지 특유의 흥청망청한 분위기를 맛볼 수 있다. 요트를 빌려서 파티를 하는 사치를 누리기는 어렵겠지만 레스토랑에서 근사한 저녁 식사와 함께 와인이나 맥주를 즐기는 여유를 누려보는 것도 좋은 방법이다.

항구 앞에서 아이스크림 가게를 만날 수 있는데, 이곳에서는 스파게티 아이스크림이라는 독특한 메뉴를 판매한다. 아이스크림을 기계에 넣고 눌러 국수 가락처럼 뽑아내 먹는 것으로 맛이 특별하지는 않지만 낮에 뜨겁게 달궈졌던 머리와 몸을 식히기에는 제격인 메뉴다.

1. 흐바르 섬의 맛집

유럽에서도 손꼽히는 휴양지인 만큼 상당히 가격이 비싼 레스토랑들이 많다. 또한 흐바르 시의
항구 바로 앞에 위치한 레스토랑들은 입구에서 생선을 굽기 때문에 허기진 관광객들의 발길을
절로 이끌게 만드는 마력을 가지고 있다. 그러나 들어가기 전에 입구에 있는 메뉴판을 한 번 정
도는 살펴보는 것이 좋다. 무심코 들어갔다가 가격에 놀라 입을 다물지 못할 수도 있다. 물론 가
격이 비싼 만큼 상당수의 레스토랑들은 아주 만족스러운 맛과 서비스를 제공한다.

기앗사(Giaxa)

입구부터 고급스러움이 느껴지는 레스토랑으로 크로아티아 전통 요리를 선보이고 있다. 가격은
다소 비싸지만 흐바르 섬의 분위기를 즐기며 저녁 식사를 하기에는 제격이다. 15세기에 지어졌
던 궁전의 내부에 자리 잡고 있다. 랍스터나 새우, 홍합, 생선 구이 등을 먹을 수 있으며, 흐바르
산 와인을 곁들일 수도 있다.

◆ **주소**: Trg Tv. Petra Hektorovića 3, 21450 Hvar, Croatia

◆ **전화번호**: +385 21 741 073

◆ **홈페이지**: www.giaxa.com

달마티노(Dalmatino)

흐바르 섬에서 첫손에 꼽히는 레스토랑으로 관광객들에게 최고의 인기를 자랑하는 곳이다. 스테

이크나 생선을 달마티아 방식으로 요리하며 파스타나 샐러드도 서비스된다. 간단히 제공되는 식전의 빵이나 와인도 무척 맛있다.

◆ **주소:** Sveti Marak 1, 21450 Hvar, Croatia

◆ **전화번호:** +385 91 529 3121

◆ **홈페이지:** www.dalmatino-hvar.com

레스토랑 루쿨루스(Restaurant Lucullus)

달마티아 전통 방식과 지중해 방식으로 생선과 고기를 요리하는 고급 레스토랑이다. 음식 수준도 높고 실내도 아름다워서 많은 관광객들이 찾는다.

◆ **주소:** Petra Hektorovića 3, 21450 Hvar, Croatia

◆ **전화번호:** +385 21 718 073

◆ **홈페이지:** www.lucullus-hvar.com

코노바 메네고(Konoba Menego)

요새로 향하는 계단에 위치한 곳으로, 흐바르에서 관광객들에게 인기가 많은 레스토랑 중 하나다. 크기는 작지만 소박하고 정감이 느껴지는 인테리어와 크로아티아의 전통 복장을 입은 직원들이 서비스를 제공해서 더욱 즐거운 식사를 할 수 있다. 달마티아 지방의 전통 방식으로 고기나 채소 등을 요리한다.

◆ **주소:** Groba bb 26, 21450 Hvar, Croatia

◆ **전화번호:** +385 21 717 411

◆ **홈페이지:** www.menego.hr

플라바 알가(Plava Alga)

달마티아 지방의 해산물 요리를 전문으로 하는 식당으로 저렴한 가격에 맛도 좋아서 많은 사람들이 찾는 곳 중 하나다. 생선 구이나 스테이크, 파스타 등 다양한 요리를 맛볼 수 있으며, 흐바르 시의 항구 앞에 있는 레스토랑 중에서는 그나마 가격이 저렴한 편이다.

◆ **주소:** Milan Skare, Riva 29, 21450 Hvar, Croatia

2. 흐바르 섬의 숙소

흐바르 섬은 유럽에서도 손꼽히는 휴양지이기 때문에 숙소도 다른 곳에 비해 비싼 편이다. 관광의 중심이라고 할 수 있는 흐바르 시의 경우 규모의 리조트호텔을 선택할 수도 있지만 아파트먼트나 소베, 호스텔과 같은 형태의 숙소도 상당히 많다. 무조건 호텔을 고집하는 것보다는 홈페이지에서 다양한 형태의 숙소를 검색해보고 예약하는 것을 추천한다. 5월부터는 본격적으로 성수기가 시작되면서 숙소를 구하기 어려울 수 있으므로 사전 예약은 필수다.

호텔 크로아티아(Hotel Croatia)

항구에서 조금 안쪽으로 들어간 곳에 위치했으며 1936년에 지어져 내전 이후인 1997년 개축되었다. 객실은 다소 오래된 느낌이 들지만 흐바르 섬에서 이 정도 가격대의 호텔을 찾기 어렵다는 점에서 합리적이다. 성수기에는 예약이 어렵고, 바다가 보이는 객실은 다소 비싸다.

◆ **주소:** Majerovica bb, 21450 Hvar, Croatia
◆ **전화번호:** +385 21 742 400
◆ **홈페이지:** www.hotelcroatia.net

아파트호텔 파리아(Aparthotel Pharia)

호텔 크로아티아 인근에 위치한 호텔로 가격 대비 좋은 수준의 객실을 제공한다. 부두까지 걸어서 약 20분 정도의 거리에 떨어져 있고, 비교적 한적한 곳이라 밤에는 조용하다.

◆ **주소:** Put Podstina 1, 21450 Hvar, Croatia
◆ **전화번호:** +385 21 778 080
◆ **홈페이지:** www.orvas-hotels.com

아드리아나 흐바르 스파 호텔(Adriana Hvar Spa Hotel)

이 호텔은 흐바르 시의 항구에서 도보로 5분도 걸리지 않는 환상적인 위치에 자리 잡고 있다. 객실 수준이 높은 만큼 가격도 상당히 비싸다. 바다 전망의 객실에서는 흐바르 시와 바다를 모두 볼 수 있으며, 스파를 즐길 수 있는 객실도 별도로 마련되어 있다.

◆ **주소:** Fabrika 28, 21450 Hvar, Croatia

◆ **전화번호:** +385 21 750 555

◆ **홈페이지:** www.suncanihvar.com

암포라 흐바르 그랜드 비치 리조트(Amphora Hvar Grand Beach Resort)

흐바르 시의 해변에서 조금 안쪽으로 들어가면 눈길을 끄는 화려한 리조트가 보인다. 위에서 소개한 아드리아나 흐바르 스파 호텔과 같은 계열로 가족 단위의 여행객에게 사랑받는 숙소다. 전용 해변에서 휴식을 즐기는 것도 가능하다.

◆ **주소:** Ulica Biskupa Jurja Dubokovica 5, 21450 Hvar, Croatia

◆ **전화번호:** +385 21 750 555

◆ **홈페이지:** www.suncanihvar.com

여섯째 · 일곱째 날,

아드리아 해의 진주,
두브로브니크

CROATIA

'아드리아 해의 보석'이라는 말이 그냥 붙여지지 않았다는 걸 실감하는 데 그리 오랜 시간이 걸리지 않는다. 눈부시게 파란 하늘과 그 빛을 그대로 반사한 아드리아 해. 하얀 대리석 바닥과 붉은 지붕의 건물이 어우러진 풍경은 "두브로브니크를 보지 않고 천국을 논하지 마라."라고 했던 버나드 쇼의 말이 호들갑이 아니라는 걸 누구나 알 수 있게 해준다. 하지만 이렇게 아름다운 두브로브니크를 지키기 위해 유고슬라비아 내전 당시 인간 방패를 자처했던 전 세계의 수많은 학자들의 노력과 희생이 있었다는 사실도 잊어서는 안 될 것이다.

발라마르
두브로브니크
프레지던트 호텔
발라마르
아르고시 호텔
두브로브니크
버스 터미널
두브로브니크
페리 터미널
호텔 벨뷰
두브로브니크
릭소스
리베르타스 호텔
HOTEL

스르지 산
케이블카 매표소
Ul. Celestina Medovića
스타라 로자
Prijekon ul.
Zlatarska ul.
필레문
프란치스코
수도원
프라차 대로
Plaça ul.
코노바
달마티노
종탑
성 블라하 성당
렉터 궁전
Ul. od Puča
두브로니크
대성당
타지 마할
Ul. Marojice
Kaboge
Ul. Marojice
Kaboge
Ul. kneza Damjana Jude
핏제리아
스토리아
오이스터 앤
스시 바 보타
Ul. od Kaštela
부자
Ul. od Margarite
더 세사미 터번
HOTEL
HOTEL
힐튼 임페리얼
두브로브니크
호텔 엑셀시오
두브로브니크

1. 처음 만나는 두브로브니크

'아드리아 해의 진주'로 일컬어지는 두브로브니크는 크로아티아 여행의 핵심이라고 해도 좋을 정도로 상징적인 아름다움을 보여준다. 두브로브니크를 이야기할 때 빼놓을 수 없는 사람이 바로 영국의 극작가인 조지 버나드 쇼(George Bernard Shaw)다. 그는 "지상에서 천국을 찾는다면 두브로브니크로 가라."라고 말하면서 두브로브니크의 아름다움을 극찬했다. 눈이 시리도록 파란 하늘과 그 빛을 그대로 받아 투명하게 빛나는 아드리아 해, 석회암으로 만들어진 하얀색의 아기 자기한 건물 위에 올려 있는 빨간 지붕의 조화를 보고 있으면 왜 두브로브니크의 아름다움을 말로 설명할 수 없는지 알 수 있을 것이다.

두브로브니크는 크로아티아의 최남단에 위치한 도시로, 자그레브에서는 차로 약 7시간, 600km 정도를 운전해야 도착할 수 있는 꽤 먼 곳이다. 두브로브니크가 역사에 처음 등장한 것은 7세기 로마 제국이 쇠퇴하면서 슬라브족의 침입을 받던 시기였다. 슬라브족이 로마의 지배를 받던 도시인 에피다우룸(Epidaurum)을 공격했고, 주민들이 공격을 피해 지금의 두브로브니크로 피신했다고 한다. 이후에는 성벽을 쌓아 슬라브족의 공격을 막았다.

두브로브니크라는 이름은 이 지역에 많이 자라는 '두르바라(Dubrava: 털가시나무의 일종)'에서 비롯했다고 한다. 12세기까지는 아드리아 해에서 중요한 무역의 중심지가 되면서 상업적으로 번성했으며, 13세기 초반 베네치아 공화국의 지배를 받다가 1358년 주권을 보장받게 된다. 두브로브니크에 자리 잡은 라구사(Ragusa) 공화국은 인근의 섬을 장악하고 영토를 확장하면서 강력한 세력으로 자리 잡게 되었으며, 활발한 해상 무역 활동도 전개했다. 강대국의 틈 사이에서 현명한 외교 정책을 통해 자치권을 인정받으면서 독자적으로 발전을 꾀할 수 있었는데, 16세기에는 남동유럽을 지배했던 오스만튀르크와도 조공을 바치면서 좋은 관계를 유지할 수 있었다. 그러나 1667년 대지진이 발생해 5천여 명의 사망자가 발생하고 도시 건물의 대부분이 파괴되는 아픔을 겪으면서 서서히 쇠락의 길을 걷기 시작했고, 1808년 나폴레옹의 군대가 두브로브니크에 진주하면서 주권을 상실한다. 1815년 빈 의회는 두브로브니크를 오스트리아 제국에 양도했으며, 이후에는 오스트리아-헝가리 제국의 일부가 되었다.

신의 선물과도 같은 자연경관을 바탕으로 20세기부터는 유럽의 수많은 관광객을 끌어들여 관광산업을 성장시킨다. 그러나 제2차 세계대전 이후 공산주의 국가인 유고슬라비아 연방의 일부가 되었고, 1991년 유고슬라비아 내전이 발발하면서 두브로브니크는 전쟁의 아픔을 겪게 된다.

크로아티아를 침공했던 세르비아군은 두브로브니크를 포위하고 공방전을 벌이게 되는데, 이때 포격으로 인해 두브로브니크의 역사적인 건물들 중 상당수가 피해를 입었다. 세계적으로 중요한 가치를 지니는 두브로브니크가 전쟁으로 인해 파괴된다는 소식을 들은 전 세계의 많은 학자들이 두브로브니크에 모여 인간 방패를 자청하면서 어느 정도 유적을 보호할 수 있었고, 전쟁 이후 유네스코 등의 적극적인 지원 아래 복원 작업이 이루어지면서 다시 예전과 같은 아름다운 모습을 찾을 수 있었다.

2. 두브로브니크와 네움

두브로브니크 인근의 지도를 유심히 살펴보면 이상한 점을 발견할 수 있다. 섬도 아닌 두브로브니크가 크로아티아의 영토에서 따로 떨어져 나와 있으며, 중간에는 보스니아-헤르체고비나의 영토인 네움(Neum)이 자리 잡고 있기 때문이다.

1948년 유고슬라비아 연방 공화국의 대통령에 취임한 요시프 브로즈 티토 대통령은 남동유럽에서 남슬라브인의 통합을 이루기 위해 많은 애를 썼는데, 보스니아인을 포용하기 위한 정책의 일환으로 아드리아 해에 면한 네움이라는 항구를 보스니아에게 넘겨주게 된다. 유고슬라비아라는 이름 아래 연방으로 뭉쳐 있던 시기에는 큰 문제가 없었으나 1992년 보스니아가 독립을 선언하면서 네움의 존재가 크로아티아에게 문젯거리가 되었다.

현재 보스니아-헤르체고비나의 서쪽 지역인 헤르체고비나는 크로아티아계의 비율이 높은 지역이다. 네움도 원래는 크로아티아의 영토였기 때문에 인근의 지역과 상황이 비슷한데 정치적인 이유로 보스니아의 영토가 되면서 크로아티아의 반발을 샀다. 보스니아의 독립 이후 크로아티아는 네움의 반환을 요구했으나 보스니아는 네움을 넘겨주면 내륙국으로 전락하기 때문에 크로아티아의 요구를 묵살하고 있는 상태다.

네움보다 남쪽에 위치한 두브로브니크는 네움으로 인해 본토와 단절되어 있는 황당한 상황이다. 현재 크로아티아의 다른 지역에서 차량을 이용해 두브로브니크로 가려면 반드시 네움을 거쳐야 한다. 따라서 모든 관광객은 네움을 통과하기 위해 보스니아 국경에 진입했다가 잠시 뒤 다시 나가는 경험을 하게 되는 것이다. 버스를 탄다면 보스니아 국경으로 진입해 네움에서 잠시 휴식을 취하며, 관광객들은 이때 잠시나마 보스니아 땅을 밟아볼 기회가 생긴다. 그런데 버스가 아닌 렌터카로 이동하면 입국과 출국시에 여권 검사를 받으며 시간이 지체될 수 있다.

크로아티아는 단절된 영토를 연결하기 위해 펠리에사츠 반도에 다리를 놓는 계획을 수립한다. 보스니아 국경에 진입하기 직전에 펠리에사츠 반도로 연결되는 총 길이 2,404m의 현수교를 놓기 위한 프로젝트를 2005년 11월부터 추진하기 시작했다. 보스니아는 이 펠리에샤츠 프로젝트에 대해 강하게 반발하고 있다. 다리를 건설할 경우 네움의 항구로 들어오는 배의 통행이 방해받을 수 있다는 등의 논리를 내세워 건설을 저지하려 하는데, 실제로는 보스니아의 영토에서 접근하는 것이 매우 어려운 네움의 효용 가치가 더욱 떨어지는 것을 두려워하는 것으로 보인다.

현재는 예산 부족 등의 문제로 다리 건설 작업이 원활하게 진행되지 않고 있다. 크로아티아 정부는 부족한 예산을 유럽 연합에서 지원받으려고 하고 있으며, 2015년부터 공사를 본격적으로 시작한다는 계획을 세우고 있다. 다리가 완공되면 두브로브니크로 가기 위해 보스니아의 영토를 거치지 않아도 되므로 여권을 2번이나 꺼내고 차량 안에서 통과를 기다리는 불편함은 없어질 것이다. 그러나 밟아보기 어려운 보스니아의 영토를 잠시나마 밟아볼 수 있는 기회도 사라진다는 점에 아쉬워하는 관광객들도 있을 것으로 생각된다.

3. 두브로브니크로 가는 방법

크로아티아는 영토가 남북으로 길게 뻗어 있기 때문에 여행 스케줄을 신중하게 짜야 한다. 이 도시 저 도시를 왔다 갔다 하다 보면 시간을 많이 소모할 수 있다. 가장 많이 선택하는 방법은 수도인 자그레브에서 여행을 시작해 두브로브니크에서 끝내는 것이다. 그러나 상황에 따라서는 두브로브니크에서 여행을 시작해 자그레브에서 끝내는 것도 가능하며, 두브로브니크 여행을 마치고 비행기로 자그레브까지 이동한 뒤 스플리트에서 여행을 마치는 스케줄을 짤 수도 있다.

만약 두브로브니크부터 여행을 시작해 자그레브에서 마치고 싶다면 자그레브에서 바로 비행기를 타고 두브로브니크로 이동하면 된다. 이 일정을 위해서 중요한 것은 비행기가 자그레브에 도착하는 시간이다. 비행기가 저녁 늦게 자그레브에 도착하면 어쩔 수 없이 자그레브에서 1박을 해야 하므로 이 경우에는 자그레브에서 여행을 시작하는 것이 낫다. 자그레브에 오전이나 오후에 도착하는 일정이라면 두브로브니크로 바로 이동해서 여행을 시작하는 일정을 짜는 것도 시간을 절약하는 좋은 방법이다.

자그레브에서 여행을 시작했다면 두브로브니크는 최종 목적지가 될 것이다. 보통 스플리트에서 출발하게 되는데, 자세한 스케줄은 버스크로아티아(www.buscroatia.com) 혹은 겟바이버스 (getbybus.com) 홈페이지에서 확인할 수 있다. 홈페이지에서는 정기적으로 운행되는 8편의 버스

표를 예약할 수 있으며, 계절에 따라 추가로 운행되는 버스 노선은 터미널에서 직접 표를 사야한다. 요금은 123~125kn이며 소요시간은 4시간~4시간 30분이다. 짐을 실을 경우 7kn가 추가된다. 거리는 약 230km 정도지만 중간에 몇몇 다른 도시를 들르는 노선이 많기 때문에 시간이다소 많이 소요된다.

자그레브에서 두브로브니크까지도 버스가 운행된다. 거리는 600km가량이며 약 10~12시간 정도가 소요되는데, 야간에 이동을 하고자 하는 여행객들이 종종 이용한다.

두브로브니크 관광은 주로 성벽 안에 위치한 구시가지에서 이루어진다. 두브로브니크 버스 터미널에서 필레 문까지는 약 3.4km 정도 떨어져 있어서 도보로 이동하기 어렵다. 버스 터미널 앞에서 필레 문까지 운행하는 노선 버스 1A, 1B, 3번을 탑승하면 되며, 버스표는 티삭(TISAK)에서 구입하는 경우 12kn, 버스 운전사에게 직접 구입하면 15kn다. 약 15분 정도 소요된다.

두브로브니크 버스 터미널(Dubrovnik Main Bus Station)

◆ **주소:** Obala Ivana Pavla II, 20000, Dubrovnik, Croatia

◆ **전화번호:** +385 20 356 004

Tip

시내버스를 이용해 구시가지로 들어가기

① 두브로브니크 버스 터미널 앞 TISAK에서 표를 구입한다.
② 필레 문으로 가는 버스표다.
③ 구시가지로 들어가려는 많은 관광객이 버스를 탄다.

비행기를 이용해 두브로브니크로 가기

두브로브니크는 세계적으로 잘 알려져 있는 관광지인 만큼 여러 나라에서 비행기를 타고 들어올 수 있다. 아테네, 바르셀로나, 브뤼셀, 코펜하겐, 프랑크푸르트, 런던, 마드리드, 뮌헨, 파리, 프라하, 바르샤바, 취리히 등 다양한 유럽 도시에서 항공편이 운항되고 있다. 스카이스캐너 홈페이지(www.skyscanner.co.kr)에서 두브로브니크까지 가는 항공편을 쉽게 검색할 수 있다. 운항하는 항공사에 따라서 가격이 천차만별이고, 다른 도시를 경유하는 일정도 있으므로 미리 확인해야 한다. 유럽의 저가 항공사들이 취항하고 있어 비교적 저렴한 가격으로 이용 가능하다.

아틀라스 버스

두브로브니크국제공항에서 구시가지까지 오기 위해서는 공항 셔틀 버스나 택시를 이용하면 된다. 아틀라스(Atlas) 혹은 엘리트(Elite) 버스에 탑승이 가능한데, 각 회사별로 출발·도착 시간이 다르기 때문에 스케줄을 미리 확인하자. 아틀라스 셔틀 버스는 두브로브니크 공항에서 필레 문까지 왕복하며 하루 4~5회 정도 운행된다. 엘리트 버스는 공항에서 버스 터미널까지 운행하며 구시가지로 들어가려면 버스 터미널에서 하차해 다시 시내버스를 타야 한다. 두브로브니크 공항에서 시내까지는 보통 30~40분 정도 걸리며, 요금은 편도 35kn, 왕복 60kn다.

두브로브니크 공항(Dubrovnik Airport)

◆ **주소:** 20213, Čilipi, Croatia
◆ **전화번호:** +385 20 773 100
◆ **홈페이지:** www.airport-dubrovnik.hr

페리를 이용해 두브로브니크로 가기

두브로브니크 페리 터미널

두브로브니크 버스 터미널 바로 옆에는 페리 터미널이 있다. 버스를 이용해 두브로브니크로 들어오다 보면 항구에 정박해 있는 큰 여객선이나 크루즈선을 볼 수 있다. 대표적으로 이탈리아 바리(Bari)에서 두브로브니크까지 야드롤리니야에서 운행하는 대형 여객선이 있으므로 이탈리아 여행 도중 크로아티아로 넘어오는 일정을 짜보는 것도 가능하다. 3월 27일부터 10월 31일까지만 여객선이 운항되는데, 시기에 따라 운항 스케줄이 다소 다르다. 다음 표를 참고하자.

요금은 좌석 등급과 성수기·비수기에 따라 차이가 다소 있다. 성수기 기준으로 데크(Deck: 지정 좌석 없이 탑승만 하는 것)는 44€, 좌석(Reclining Seats: 지정 좌석이 있음)은 53€이며, 선실은 등급에 따라서 69.50~138€까지 다양하다. 주말(금~일요일)에는 요금이 10%가량 더 비싸지며, 홈페이지에서 예약할 때 아침·점심·저녁 식사를 포함해서 예약할 수 있다. 3세 이하는 무료 탑승이며, 3~12세는 50% 할인된 요금을 적용받는다.

이탈리아나 크로아티아에서 렌터카를 빌렸다면 여객선에 차량을 실을 수 있다. 요금은 성수기 기준으로 일반 차량은 58.50€, 전장 5m가 넘어가는 차량은 99€이며, 모터사이클은 28.50€다. 그러나 먼저 확인해야 할 것은 렌터카를 이탈리아나 크로아티아에서 운행할 수 있는지 여부다. 크로아티아에서 빌린 렌터카를 이탈리아에서 운행할 수 없거나, 이탈리아에서 빌린 렌터카를 크로아티아에서 운행할 수 없는 경우가 상당히 많기 때문에 렌터카를 빌리기 전 먼저 운행 가능 여부를 꼭 확인하는 것이 좋다.

두브로브니크 페리 터미널(Lučka Uprava Dubrovnik)

◆ **주소:** Obala pape Ivana Pavla II 1, 20000, Dubrovnik, Croatia

◆ **전화번호:** +385 20 313 333

◆ **홈페이지:** www.portdubrovnik.hr

날짜	바리 – 두브로브니크 (22:00~07:00)	두브로브니크 – 바리 (22:00~08:00)
3. 27~ 4. 11 9. 30~10. 31	매주 화·목 출발	매주 월·수 출발
4. 12~ 5. 31	매주 화·목·토 출발	매주 월·수·금 출발
6. 1~ 6. 30 8. 1~ 9. 29	매주 화·목·토·일 출발	매주 월·수·금·일(12:00) 출발
7. 1~ 7. 29	화·목·금·토·일 출발	월·수·금·토·일 (금·토·일 12:00) 출발
7. 30~ 8. 20	화·수·목·금·토·일 출발	월·수·목·금·토·일 (금·토·일 12:00) 출발
8. 21~8. 30	월·화·목·금·토·일 (12:00, 화 22:00) 출발	월·수·목·금·토·일(12:00) 출발

4. 두브로브니크에서의 운전과 주차

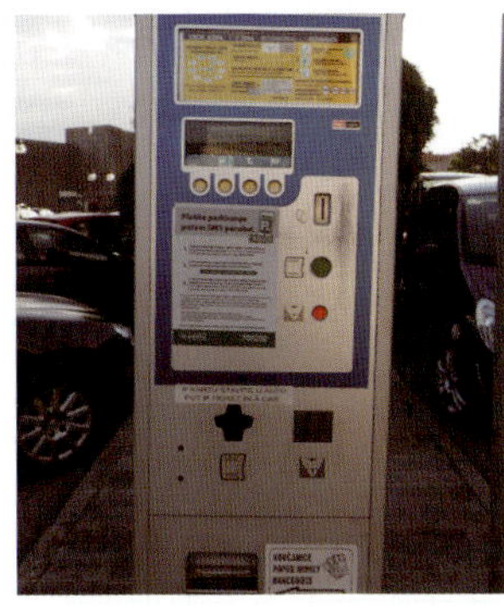

최근 한국에서 크로아티아를 방문하는 관광객들이 많이 선택하는 교통수단 중 하나가 바로 렌터카다. 다른 유럽 국가에 비해 가격이 저렴하고, 대중교통을 이용할 때 들르기 어려운 장소까지 가볼 수 있다는 장점이 있다.

크로아티아의 도시는 비교적 한산해서 운전하기 어렵지 않지만 두브로브니크는 상황이 다르다. 구시가지 인근으로 들어서면 길이 상당히 복잡해질 뿐만 아니라 일방통행이 많고, 필레 문에 다다르면 버스와 택시, 승용차가 엉켜 있어서 도로변에 차를 세우는 것조차 불가능할 정도다. 가장 좋은 방법은 두브로브니크에 도착하자마자 렌터카를 반납하는 것이다. 하지만 여행을 계속해야 하는 경우 인근의 저렴한 주차장을 찾는 편이 좋다.

두브로브니크의 구시가지 안은 차량의 진입이 불가능하므로 외부에 주차해야 한다. 필레 문 근처에 몇몇 공영 주차장이 있는데 가격이 상당히 비싸 오랫동안 주차해놓기가 부담스럽다. 버스 터미널 방향에서 필레 문으로 온 경우 필레 문을 지나 성벽 옆으로 나 있는 이자 그리다(Iza Grada) 거리를 따라 500m 정도 가면 왼쪽에 공영 주차장이 있는데, 구시가지 주변에서 주차비가 저렴한 곳이다. 성수기에는 주차하기가 무척 어려워서 주차장 입구에 차를 대놓고 한참을 기다리기도 한다.

요금은 한국에서처럼 입구에서 따로 주차권을 발급받고 나중에 정산하는 방식이 아니라, 일정한 시간 단위로 먼저 주차권을 끊어 차량 앞에 놓는 방식이다. 주차장 입구에 있는 주차권 발급기에 돈을 넣으면 해당 금액만큼 주차를 할 수 있는 표가 나오며, 이 표를 바깥에서 보이도록 유리창 안에 놓아두면 된다.

주차 요금은 1시간에 5kn이며, 최대 24시간까지 가능하다. 주차를 원하는 시간×5kn를 한 뒤 (12시간이면 60kn 준비) 동전을 투입하고 발행 버튼을 누르면 된다. 거스름돈이 나오지 않고 근처에 동전 교환기도 없으므로 반드시 동전을 미리 준비해야 한다.

두브로브니크 카드(Dubrovnik Card)

유럽 여행을 하다 보면 한 번쯤 구입할까 망설이게 되는 것 중 하나가 바로 도시 카드다. 두브로브니크에서도 '두브로브니크 카드'라는 이름의 도시 카드를 만날 수 있다. 이 카드에는 두브로브니크 성벽 투어 입장료, 렉터 궁전·민속 박물관과 구시가지 내의 몇몇 작은 미술관 등의 입장료가 포함되어 있으며 두브로브니크의 시내버스를 무제한으로 탑승할 수 있다.

1일권, 3일권, 7일권이 있는데 보통 1일권이나 3일권 정도를 구입하는 것이 무난하다. 1일권의 가격은 170kn이며, 3일권은 250kn다. 관광 안내소나 호텔 등에서 구입이 가능하다. 두브로브니크 카드 홈페이지(www.dubrovnikcard.com)를 통해 카드를 구입하면 1일권은 153kn, 3일권은 225kn에 구입할 수 있다.

두브로브니크 성벽 투어 입장료는 120kn, 렉터 궁전 입장료는 40kn이므로 이 두 곳만 관람해도 카드를 구입하는 것이 이득이다. 이외에도 두브로브니크 구시가지 내에 있는 다양한 레스토랑이나 카페 등에서 10% 정도 할인을 제공하는 점도 매력적이다.

구시가지 성벽

Gradske Zidine(City Wall)

두브로브니크의 구시가지를 감싸고 있는 성벽을 도는 것은 두브로브니크 관광의 하이라이트라고 할 수 있다. 13~16세기에 걸쳐 건축된 이후 여러 번 증축되었는데, 현재와 같은 모습을 갖춘 것은 1660년 성 스테파노 요새 보루(Utvrda-Bastion Sv. Stjepana, St. Stephen's Bastion)가 완성되면서다.

13세기에 처음 지어진 성벽은 1.5m 정도의 두께로, 14세기 중반에 외부의 침입을 경계하기 위해 15개의 사각형 망루가 세워졌다. 15세기에는 오스만튀르크 제국이 이 지역을 자주 위협했기 때문에 기존의 성벽을 증축하고 새로운 성벽을 추가로 건설했다. 새롭게 만들어진 성벽은 총 길이가 약 2km, 높이는 25m에 달하며 육지 쪽에 있는 성벽의 두께는 최대 6m 정도고, 바다 쪽은 1.5~3m 정도다.

민체타 타워

보카르 타워

로브리예나츠 요새

둥근 형태의 민체타 타워(Minčeta Tower)는 도시 북쪽의 육지에서 침입하는 적을 방어하기 위해 만들어졌고, 필레 문에서 그리 멀지 않은 곳에 있는 로브리예나츠 요새(Fortress Lovrijenac)가 바다에 면해 있으면서 서쪽의 해상이나 육지에서 오는 적을 방어한다. 보카르 타워(Bokar Tower)는 남서쪽에서 필레 문을 지키며, 레벨린 요새(Tvrđava Revelin)가 동쪽의 출입구를 방어한다.

성벽 투어를 시작하는 입구는 총 3개다. 가장 많은 관광객이 찾는 입구는 필레 문 바로 안쪽 오노프리오 분수 앞에 있는 입구로, 이곳으로 입장하면 일단 상당히 높은 계단을 쭉 올라가야 한다. 이외에도 플로체 문(Brata od Ploče, Ploče Gate), 성 이반 요새(Tvrđava St. Ivan) 쪽에 입구가 있다.

성벽은 한 방향으로만 걸을 수 있으며, 스르지 산(Srđ Brdo, Srđ Hill)이 있는 북쪽을 바라본 상태에서 시계 반대 방향으로 돌면 된다. 성벽 투어는 오전이나 오후에 하는 것이 좋고, 한낮은 피해야 한다. 특히 5~8월은 두브로브니크를 비롯한 달마티아 해변의 햇살이 엄청나게 뜨거운데, 두브로브니크 성벽에는 햇살을 피할 곳이 많지 않아서 돌아다니다 보면 강렬한 햇빛에 오랜 시간 그대로 노출되기 십상이다. 성벽 투

어를 하기 전 반드시 선크림을 바르고 모자를 준비하자. 피부가 타는 것을 피하고 싶다면 긴팔 옷을 입거나 팔토시 등으로 가려주는 것이 좋다. 스카프나 손수건 등으로 목 뒤를 보호하는 것도 잊지 말아야 한다. 물과 선글라스는 필수다.

중간중간 사진을 찍으면서 성벽을 돈다고 해도 2시간 정도면 충분히 돌아볼 수 있다. 오후 3시쯤 성벽 투어를 시작하면 오후 5~6시에 마치는데, 이때 석양이 지면서 두브로브니크 구시가지 건물의 지붕에 붉은빛이 드리워지는 풍경은 단연 압권이다.

EXCURSIONS
EXCHANGE

필레 문

Vrata Pile(Pile Gate)

두브로브니크 구시가지에 들어가는 3개의 문 중에서 가장 많은 사람들이 드나드는 문이다. 1537년 지어진 것으로 외부 입구에는 도개교가 있으며 이곳을 지나면 계단을 내려가 두브로브니크 성벽 안으로 들어서게 된다. 내부 입구는 1460년에 만들어졌으며 플라차 거리와 연결되어 있다. 내부 입구를 지나 구시가지 안으로 들어서면 정면에 오노프리오 분수가 보인다. 왼쪽에는 성벽 투어 입구가 있고, 오노프리오 분수 맞은편으로 프란치스코회 수도원과 박물관을 볼 수 있다.

필레 문 외부에는 관광 안내소가 있으며, 버스 정류장도 있어 두브로브니크 버스 터미널에서 오는 경우 필레 문 앞에서 하차한다. 수많은 관광버스와 택시 등으로 항상 북적거리는 곳이기도 하다.

구시가지의 관문 필레 문에서 시작하는
두브로브니크 성벽 투어

필레 문에서 성벽 투어를 시작하면 먼저 높은 계단을 만나게 된다. 올라가는 데 다소 힘이 들 수 있으므로 이를 피하고 싶다면 반대편인 플로체 문 쪽에서 투어를 시작하면 된다. 계단에 올라서서 바다 방면으로 조금만 이동하면 두브로브니크 구시가지를 가로지르는 플라차 대로의 모습을 한눈에 볼 수 있다. 두브로브니크를 대표하는 풍경 중 하나이므로 이곳에서 기념사진을 촬영하는 사람들이 많다.

이제 발걸음을 보카르 타워 쪽으로 옮기게 되는데, 중간에 손으로 그린 그림을 파는 곳이 있다. 기념품으로 하나 정도 구입해도 부담스럽지 않다. 보카르 타워에 다다르면 이곳에서 로브리예나츠 요새를 볼 수 있다. 로브리예나츠 요새부터는 아드리아 해를 따라 나 있는 성벽을 걷게 된다. 이곳에서 두브로브니크 구시가지 내의 구석구석을 볼 수 있다. 건물 사이로 걸려 있는 빨래가 인상적이다.

중간에 포도 넝쿨이 걸려 있는 기념품 가게가 있고, 바다 쪽을 내려다보면 아드리아 해로 바로 내려갈 수 있는 바위와 유명한 부자 카페(Trgovina Buža)를 볼 수 있다. tvN 〈꽃보다 누나〉에 소개되어 한국인 관광객에게도 상당히 유명해진 곳인데, 아드

리아 해를 내려다보면서 맥주나 주스를 먹을 수 있는 운치 있는 장소다. 성벽 투어를 하게 되면 위에서 이곳을 내려다볼 수 있지만 성벽 투어 도중 카페에 입장할 수는 없다. 부자 카페뿐만 아니라 해변의 바위 위에서 선탠이나 수영을 즐기는 사람들, 바다에서는 카약 투어를 즐기는 모습이 보인다.

성 이반 요새를 지나 북쪽으로 나 있는 성벽으로 가다 보면 두브로브니크 구시가지의 작은 항구를 내려다볼 수 있다. 항구를 오른쪽에 놓고 쭉 올라가면 플로체 문으로 통하는 입구가 나오는데, 여기에서 잘못하면 성벽 바깥으로 나가버릴 수 있으므로 주의하자. 성벽 투어는 한 번 나가면 재입장이 불가능하다. 플로체 문 쪽 입구로 들어오게 되면 여기에서 투어를 시작하게 된다.

다시 성벽을 따라 길을 걷다 보면 바다를 배경으로 펼쳐지는 두브로브니크의 풍경을 볼 수 있다. 햇빛을 받은 두브로브니크의 아름다운 모습을 제대로 볼 수 있는 곳이므로 이곳에서 경치를 충분히 감상하면서 천천히 걸음을 옮겨보자.

민체타 타워에 도착해 다시 남쪽으로 성벽을 따라 이동하면 필레 문 입구에서 올라왔던 계단이 보인다. 반대편 계단으로 내려가면 들어왔던 입구로 다시 나갈 수 있다.

프란치스코회 수도원

Franjevački Samostan(Franciscan Monastery)

프란치스코회 수도사들이 두브로브니크에 정착한 뒤 1317년 성벽 내에 수도원을 지었다. 그러나 1667년 대지진이 발생하면서 대부분의 건물이 무너졌고, 수도원 건물 또한 무너져 지금은 입구만 남아 있다. 입구 위에는 1498년 페타르 안드리이치와 레오나르드 안드리이치가 조각한 피에타상이 보존되어 있다.

수도원은 입구 옆의 통로를 통해서 입장할 수 있으며, 내부에는 로마네스크 양식으로 만들어진 아름다운 회랑과 작은 정원이 있다. 또한 박물관도 관람이 가능한데, 크지는 않지만 성 로브레와 성 블라디슬라브의 뼛조각 등을 관람할 수 있다.

통로에서 조금만 들어가면 바로 왼쪽에 작은 문이 하나 있는데 이곳은 약국이다. 1391년부터 현재까지 영업중인 이 약국은 유럽에서 세 번째로 오래되었으며, 일반

수분 크림 →

인에게 처음으로 개방된 약국으로 잘 알려져 있다. 중세 시대에 두브로브니크가 발달된 상업을 바탕으로 부유한 삶을 누렸음을 잘 알 수 있다.

약국에서는 시중에서 구입 가능한 일반적인 약과 함께, 독특한 방법으로 제조된 다양한 화장품을 판매한다. 장미나 라벤더 향이 나는 크림이나 화장수, 바디 크림 등을 판매하는데 특히 수분 크림이 매우 유명하다. 한국에서는 구입하기가 상당히 어렵고 매우 비싼 가격에 판매되고 있지만 이곳에서는 개당 50~70kn(1만~1만 4천 원) 정도에 구입이 가능하므로 선물용으로 제격이다. 최근에 한국 관광객이 많이 늘어나면서 화장품을 싹쓸이하고 있어 오후에 가면 품절되어 구입하기 어려울 수도 있으니 가급적 오전에 가서 구입하는 것을 추천한다.

◆ **주소:** Franjevački samostan Male braće, Placa 2, 20000, Dubrovnik, Croatia
◆ **전화번호:** +385 20 641 111
◆ **홈페이지:** malabraca.wix.com/malabraca#!english

플라차와 오노프리오 분수

Placa & Onofrijeva Cesma(Placa & Onofrio's Fountain)

플라차 혹은 스트라둔(Stradun)이라 불리는 이 거리는 두브로브니크 구시가지에서 가장 큰길이다. 구시가지를 동서로 가로지르고 있으며, 필레 문에서 루사 광장의 종탑까지 연결되어 있다.

13세기에 만들어졌으며 1468년에 돌을 이용해 포장되었다. 햇빛을 받을 때 반짝반짝 빛나는 백색의 대리석 바닥은 1667년 지진으로 파괴된 시가지를 복구하는 과정에서 만들어졌다. 거리 주변에는 수많은 상점과 레스토랑이 줄지어 있다. 아파트먼트와 같은 숙소들도 이 거리를 중심으로 배치되어 있어 두브로브니크 관광의 중심이라고 해도 무방하다.

필레 문을 지나 구시가지 안으로 들어서면 오노프리오 분수가 있다. 이 분수는 강

수량이 적어 항상 물이 부족했던 두브로브니크의 문제를 해결하기 위해 만들어진 것으로 12km 정도 떨어진 우물에서 물을 끌어오는 수로 시설의 일부다. 1438년 이탈리아 나폴리 출신의 건축가인 오노프리오가 만들었는데, 1667년 지진으로 심각하게 손상되어 지금은 16개의 얼굴 조각만 남아 있다.

오노프리오 분수는 두브로브니크에서 가장 유명한 랜드마크 중 하나로 낮에는 일행을 기다리거나 잠시 휴식을 취하려는 사람들이 분수 주변에 모여들어 항상 북적거린다. 밤에는 조명을 받아 반짝이는 모습이 펼쳐진다.

루사 광장

Trg Luža(Lusa Square)

필레 문 반대편이자 플라차의 끝에는 루사 광장이 있다. 광장을 중심으로 종탑과 렉터 궁전, 스폰자 궁전을 볼 수 있다.

멀리에서도 보이는 종탑은 높이 35m로 그 중간에는 시계가 있다. 루사 광장의 중앙에는 올란도 기둥(Oralandov Stup, Orlando's Column)이 있는데 예전에는 이곳에서 칙령, 축제, 재판 결과 등을 발표했다고 한다. 14세기에 만들어진 것으로 알려져 있는 기둥에는 이슬람의 침략에 맞서 용감히 싸웠던 중세 기사가 조각되어 있는데, 기사의 팔뚝은 당시 두브로브니크의 길이 단위였던 1Ell(엘, 현재 51.1cm)과 동일한 길이라고 한다.

루사 광장에서 문을 나서면 바다로 나가볼 수 있는 다양한 유람선도 보인다.

216

올란도 기둥

군둘리체바 폴야나 시장(Gundulićeva Poljana Market)

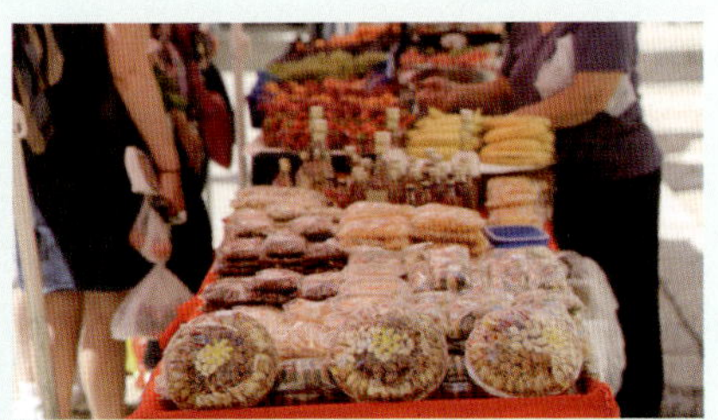

성벽 내의 구시가지에서 볼 수 있는 유일한 노천 시장이다. 식료품을 파는 다른 시장과 달리 주로 말린 과일이나 비누, 올리브오일 등을 판매하는 일종의 기념품 시장이라고 보면 된다. 말린 과일은 생각보다 맛이 괜찮기 때문에 간식거리로 구입해볼 만하다. 일부 상점에서는 과일이나 야채를 판매하기도 한다. 아파트먼트에 숙소를 잡은 경우에는 이곳에서 마트보다 조금 저렴하게 물건을 구입할 수 있으므로 눈여겨보자.

렉터 궁전

Knežev dvor(Rector's Palace)

렉터 궁전은 아름다운 조각으로 장식된 르네상스 양식의 건축물이다. 1272년 처음 지어졌으나 1435년 발생한 화재로 파괴되어 다시 지어졌다. 그러다 1667년의 지진으로 또 파괴되어 후대의 건축가들이 바로크 양식을 추가해 다시 건축했다. 르네상스 양식부터 후기 고딕과 바로크 양식까지 다양한 건축 양식이 혼재되어 있지만 잘 정돈되어 전체적으로 깔끔한 느낌을 준다. 정면에는 화려한 조각으로 장식된 6개의 기둥이 있다. 안으로 들어가면 두브로브니크 공화국에 많은 돈을 기부했던 사업가이자 선장인 미호 프라차트의 업적을 기리기 위해 1683년에 세운 흉상이 있다.

✚ 이용 안내

◆**주소:** Općina Dubrovnik, 20000, Dubrovnik, Croatia ◆**전화번호:** +385 20 321 422

스폰자 궁전

Palača Sponza(Sponza Palace)

스폰자 궁전은 16세기에 지어졌으며, 세관이나 은행으로 사용되다가 지금은 국립기록보관소로 이용되고 있다. 이곳에는 천 년 전에 만들어진 필사본 모음이 소장되어 있다.

렉터 궁전과 비슷하게 전면에는 6개의 기둥이 있으며, 내부에는 두브로브니크 수호자 기념실이 있는데 유고슬라비아 내전에 희생당한 젊은이들의 초상화가 걸려 있다.

✚ 이용 안내

◆ **주소:** Općina Dubrovnik, 20000, Dubrovnik, Croatia　◆ **전화번호:** +385 20 323 887

성 블라이세 성당과 두브로브니크 대성당

Crkva Sv. Vlaha & Dubrovačka Katedrala

성 블라이세 성당은 두브로브니크의 수호성인으로 기독교가 어려움에 처했을 때 자신을 희생했던 14성인 중 한 사람인 성 블라시우스(St. Blasius)의 이름을 붙인 성당 이다. 14세기 로마네스크 양식으로 건축되었으나 1667년 지진으로 큰 피해를 입었 고 1706년에는 화재로 불탔다. 지금의 모습은 1715년 건축된 것이다. 루사 광장에서 보이는 가장 화려한 건축물로 바로 앞에 올란도 기둥이 있다. 내부에는 대리석 제단 과 성 블라시우스의 은도금 상이 있다. 지금도 두브로브니크에서는 매년 2월 3일을 성 블라시우스를 기리는 축일로 삼고 있다.

두브로브니크 대성당은 성모 승천 대성당으로 불리기도 한다. 이 터에는 6세기, 10세기, 11세기에 걸쳐 교회가 건축되었는데 12세기에는 로마네스크 양식으로 증

성 블라이세 성당

두브로브니크 대성당

축되었다. 기존의 대성당은 두브로브니크 인근의 로크룸 섬에 조난당했다가 구조된 영국의 왕 리처드 1세(사자왕으로 잘 알려져 있음)가 선물로 건립해준 것으로 알려져 있다. 1667년의 지진으로 대부분이 파괴된 대성당은 1713년부터 다시 건축을 시작해 바로크 양식으로 완성했다. 내부에는 정교하게 만들어진 제단이 있는데 특히 보라색으로 만들어진 성 요한 네포무크의 제단이 잘 알려져 있다. 성당의 금고에는 성 블라시우스의 유물 및 11~17세기에 걸쳐 만들어진 성해(성인의 유골)함이 있다. 벽면에는 다양한 종교화가 있는데 그 중에서 이탈리아의 화가였던 티티안의 공방에서 만든 성모 승천 폴립티크가 유명하다. 유고슬라비아 내전 당시 폭격으로 피해를 입었지만 지금은 모두 복원되었다. 조명이 성당 외벽을 비추는 밤의 풍경도 상당히 아름답다.

✚ 성 블라이세 성당 이용 안내
◆ **주소:** Crkva sv. Vlaha, Općina Dubrovnik, 20000, Croatia　　◆ **전화번호:** +385 20 324 999

✚ 두브로브니크 대성당 이용 안내
◆ **주소:** Dubrovačka katedrala, Općina Dubrovnik, 20000, Croatia　　◆ **전화번호:** +385 20 323 459

구시가지의 전경을 한눈에 본다,
스르지 산 케이블카

두브로브니크 구시가지의 북쪽에 있는 스르지 산은 해발 415m로 정상에 전망대가 있어 두브로브니크 구시가지의 전경을 한눈에 볼 수 있는 중요한 포인트다. 케이블카의 총 길이는 778m로 4분이면 정상에 도착한다.

케이블카를 타려면 플라차에서 북쪽으로 나 있는 작은 골목인 보쉬코비체바(Boškovićeva) 거리를 찾아야 한다. 좁은 골목을 지나 계단을 올라가면 성벽 바깥으로 나가는 작은 문이 나오는데, 이곳에서 좀더 올라가면 케이블카를 타는 곳을 찾을 수 있다. 필레 문에서 구시가지 안으로 들어가지 않고 차가 다니는 길을 따라 쭉 올라가도 케이블카 타는 곳을 쉽게 발견할 수 있다.

케이블카를 타고 정상에 도착하면 바로 두브로브니크의 전망을 바라볼 수 있다. 그리고 바깥으로 나와서 왼쪽의 노천 카페 방면으로 이동하면 대형 십자가가 있는 곳으로 갈 수 있는데 이곳의 전망이 단연 최고다. 이 십자가는 1808년 나폴레옹이 두브로브니크를 점령하면서 세운 것이다.

두브로브니크의 풍경은 낮뿐만 아니라 밤도 무척 아름답기 때문에 케이블카를 타고 정상에 2번씩 올라가는 관광객도 많다. 케이블카 매표소에서 낮과 밤, 2번 왕복

할 수 있는 패키지를 150kn에 판매하고 있다.

정상에서 충분히 사진을 찍은 다음 노천 카페에 앉아 커피나 맥주를 마시면서 두브로브니크를 바라보는 것도 필수 코스 중 하나다. 다만 전망이 좋은 자리는 경쟁이 치열해서 앉기가 쉽지 않다.

뒤쪽으로는 방송 송신탑이 높이 솟아 있다. 화려하고 깔끔한 두브로브니크의 모습과 달리 외부 축대에는 유고슬라비아 내전 당시 포격의 흔적이 남아 있다. 내전 당시 세르비아군에 항전했던 크로아티아 군대가 요새로 삼았던 곳을 개조해 크로아티아 독립 전쟁 박물관으로 만들었는데, 한 번 관람해보는 것도 좋다.

스르지 산 정상은 케이블카뿐만 아니라 차를 타고 올라갈 수도 있다. 바람이 강하게 부는 악천후에는 케이블카를 운행하지 않기 때문에 정상까지 차량으로 올라가거나 도보로 올라가야 한다. 걸어 올라가는 것은 상당히 힘들기 때문에 추천하지 않지만 걷는 것에 자신 있는 관광객은 걸어 올라가기도 한다.

✚ 이용 안내

◆ **운행 시간:** 1 · 12월 09:00~16:00 | 2~3 · 11월 09:00~17:00 | 4 · 10월 09:00~20:00 | 5월 09:00~21:00 | 6~8월 09:00~24:00 | 9월 09:00~22:00　◆ **요금:** 일반 왕복 120kn, 편도 70kn, 낮밤 패키지 180kn, 어린이 (4~12세) 왕복 50kn, 편도 30kn　◆ **주소:** Frana Supila 35a, 20000, Dubrovnik, Croatia　◆ **전화번호:** +385 20 414 321

Tip

스르지 산 케이블카 타러 가기

 >  > 

 >  > 

① 보쉬코비체바 거리다.
② 이 길을 따라 올라가 성벽 바깥으로 나가면 지하 통로를 볼 수 있다.
③ 통로를 나가면 계단이 나오는데 이 계단을 따라 올라간다.
④ 계단을 올라가면 표지판을 찾을 수 있다.
⑤ 길을 따라 쭉 올라간 뒤 삼거리에서 우회전해 조금만 더 올라가면 케이블카 탑승하는 곳을 쉽게 찾을 수 있다.
⑥ 케이블카 탑승 장소다.

크로아티아 독립 전쟁 박물관

외부의 축대에는 아직도 전쟁의 흔적이 남아 있다.

1. 두브로브니크의 맛집

유럽에서도 손꼽히는 관광지인 두브로브니크에는 골목마다 레스토랑이나 카페, 바가 넘쳐난다. 하지만 가격 대비 맛 좋은 음식점을 찾기란 쉽지 않다. 분위기가 좋아 보이는 곳은 그만큼 가격이 비싸다고 생각하면 된다. 여행을 떠나기 전에 다양한 경로로 미리 음식점에 대한 정보를 구하는 편이 두브로브니크 여행을 더욱 즐겁게 할 것이다.

스타라 로자(Stara Loza)

필레 문에서 플라차로 들어선 뒤 50m 정도 들어와 왼쪽에 있는 쿠니체바(Kunićeva) 거리를 따라 올라간 뒤 만나게 되는 프리예코(Prijeko) 거리에 있는 레스토랑이다. 지중해식 또는 프랑스식 요리를 주로 하는 곳으로, 우리나라 돈으로 1인당 3만~4만 원 정도의 코스 요리가 주메뉴다. 두브로브니크에서도 소문난 곳이기 때문에 항상 많은 사람들이 대기하고 있다. 와인과 함께 간단히 먹을 수 있는 타파스(Tapas: 스페인식 에피타이저)도 판매하고 있다.

◆ **주소:** Prijeko 24, 20000, Dubrovnik, Croatia

◆ **전화번호:** +385 20 321 145

코노바 달마티노(Konoba Dalmatino)

두브로브니크 대성당 바로 옆에 위치한 식당으로, 해산물과 스테이크 요리를 크로아티아식으로 맛볼 수 있다. 와인과 함께 하는 저녁을 즐기고 싶다면 단연 추천한다. 문제는 두브로브니크의 고급 레스토랑들이 늘 그렇듯 가격이 비싸다는 것이다.

◆ **주소:** Miha Pracata 6, 20000, Dubrovnik, Croatia

◆ **전화번호:** +385 20 323 070

◆ **홈페이지:** www.dalmatino-dubrovnik.com

오이스터 앤 스시 바 보타(Oyster & Sushi Bar Bota)

아드리아 해에서 나는 신선한 굴과 초밥을 맛볼 수 있는 곳이다. 매일 잡은 생선과 조개를 사용해 초밥이나 롤의 맛이 생각보다 괜찮다. 크로아티아를 여행하면서 현지 요리에 지쳤던 사람들에게는 무척 반가운 레스토랑이라고 할 수 있다. 새우튀김이나 데리야끼 소스의 스테이크도 판매하고 있으며, 식사와 같이 곁들이면 좋은 화이트 와인도 제공한다. 자그레브, 스플리트에도 매장을 운영하고 있다.

◆ **주소:** Oyster & Sushi Bar Bota, Od Pustijerne b.b., 20000, Dubrovnik, Croatia

◆ **전화번호:** +385 20 324 034

◆ **홈페이지:** www.bota-sare.hr

더 세사미 터번(The Sesame Tavern)

크로아티아식 요리를 주로 판매하는 곳으로, 필레 문에서 나와 터미널 방향으로 조금 걸어가면 찾을 수 있다. 관광객보다는 현지인들이 많이 찾는 레스토랑이며, 음식의 수준은 상당히 높지만 한국 사람에게는 다소 호불호가 갈리는 맛이다.

◆ **주소:** Ulica don Frana Bulića 7, 20000, Dubrovnik, Croatia

◆ **전화번호:** +385 20 412 910

◆ **홈페이지:** www.sesame.hr

타지 마할(Konoba Taj Mahal)

레스토랑과 바가 밀집해 있는 두브로브니크의 골목들 사이에서 눈에 띄는 레스토랑이다. 이곳에서는 보스니아 전통 음식을 제공하는데, 체바피와 소시지 등을 구운 플래터를 주문하면 2~3명

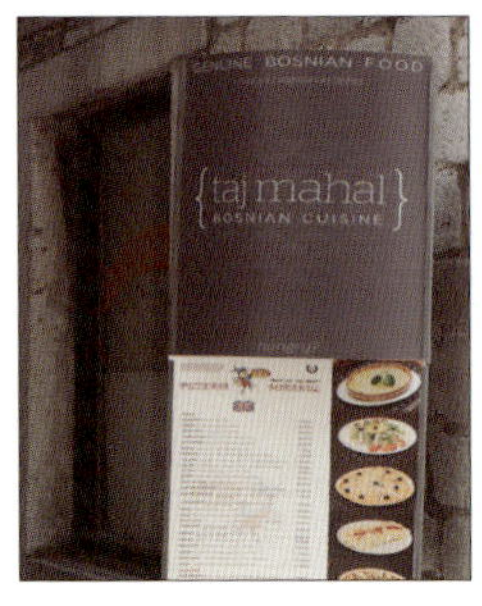

이 푸짐하게 저녁 식사를 할 수 있다. 지중해 혹은 크로아티아식 요리의 느끼함에 질렸거나 시원한 맥주와 함께 먹을 안주가 필요한 사람에게 적극 추천할 만한 레스토랑으로 가격도 비교적 저렴한 편이다. 다만 골목 안쪽에 있어서 처음 가는 사람은 찾아가기가 다소 까다롭다는 것이 단점이다.

◆ **주소:** Nikole Gučetića 2, 20000, Dubrovnik, Croatia

◆ **전화번호:** +385 20 323 221

부자(Buza Bar)

한국에서는 tvN 〈꽃보다 누나〉라는 프로그램을 통해 잘 알려졌지만 이전부터 두브로브니크에서는 가장 유명한 바 중 하나로 관광객에게 잘 알려져 있다. 두브로브니크 성벽을 지나면 보이는 절벽에 자리 잡고 있는데 날씨가 맑을 때 바위에서 일광욕을 즐기거나 바다로 뛰어들어 수영을 즐기는 사람들을 보는 것도 이곳의 즐거움 중 하나다. 문제는 이곳을 찾아가기가 꽤 까다롭다는 것이다. 필레 문에서 플라차를 따라 절반이 조금 넘을 때까지 걷다가 오른쪽을 보면 미하 프라차타(Miha Pracata) 거리가 나온다. 이 골목을 따라서 쭉 걸어가면 두브로브니크 대성당이 오른편에 나오는데 성당을 지나 길 끝까지 걸어간 뒤 좌회전을 해서 조금만 더 걸어가면 카페 입구가 보인다.

◆ **주소:** Crijevićeva Ulica 9, 2000, Dubrovnik, Croatia

◆ **전화번호:** +385 98 361 934

핏제리아 스토리아(Pizzeria Storia)

두브로브니크에서 가격 대비 훌륭한 맛을 제공하는 것으로 잘 알려져 있는 이탈리안 레스토랑이다. 피자나 파스타를 주로 판매하는데 맥주와 함께 점심이나 저녁을 즐기기에 아주 좋다.

◆ **주소:** Kneza Damjana Jude 6, 20000, Dubrovnik, Croatia

◆ **전화번호:** +385 91 211 1152

2. 두브로브니크의 숙소

두브로브니크에서 숙박할 곳을 구하려면 적어도 여행을 출발하기 5~6개월 전에 예약을 해야 한다. 워낙 세계적으로 유명한 관광지이기 때문에 조금만 늦게 예약하면 방을 구할 수 없거나 있더라도 가격이 상당히 많이 비싸진다. 그러므로 서둘러야 하며 호텔이나 호스텔, 아파트먼트 등 다양한 종류의 숙소를 검색해보는 것이 좋다.

구시가지 내에는 거주하던 집을 개조해 사용하는 아파트먼트나 호스텔이 많고, 호텔은 필레 문을 벗어나서부터 바빈 쿡(Babin Kuk) 반도까지 다양한 지역에 위치하고 있다. 구시가지 내에 숙소를 구한다면 관광을 하기에 더할 나위 없이 좋겠지만 버스를 이용하면 필레 문까지 어렵지 않게 왕복할 수 있으므로 굳이 구시가지 안에 숙소를 구하겠다는 생각은 하지 말자. 보통 두브로브니크에서 2박 정도는 하는데, 구시가지 내에 숙소를 구한다면 식비 부담도 줄일 겸 아파트먼트를 예약하는 것이 좋다. 만약 그렇지 않다면 필레 문까지 쉽게 왕복할 수 있는 경로에 있는 호텔을 예약하는 것을 추천한다.

5월부터는 두브로브니크가 관광객으로 북적거리는 시기이기 때문에 숙박 요금도 크게 상승한다. 4성급 이상의 고급 호텔은 보통 1박 숙박비가 20만 원을 넘고, 필레 문 근처에 위치한 호텔들 중에는 30만 원을 훌쩍 넘는 비싼 숙박비를 요구하기도 한다. 더욱 큰 문제는 3~4개월 전에 인기 있는 숙소는 대부분 예약이 마감된다는 것이다. 구시가지 내에 있는 아파트먼트도 상황은 마찬가지다.

그러므로 부킹닷컴과 같은 홈페이지에서 예약을 할 때 먼저 숙소의 위치를 살펴보고, 대중교통을 이용해 구시가지 쪽으로 이동이 가능한 곳을 선택하는 것이 좋다. 특히 구시가지에서 북쪽에 위치한 바빈 쿡 반도나 라파드(Lapad) 지역에 괜찮은 호텔들이 많이 위치하고 있으므로 이곳을 집중적으로 검색해보기 바란다.

힐튼 임페리얼 두브로브니크(Hilton Imperial Dubrovnik)

세계적인 호텔 체인인 힐튼에서 운영하는 호텔이다. 성수기에는 6개월 전에도 방을 구하기가 쉽지 않을 정도로 관광객들에게 인기가 많고 시설이나 서비스 면에서 만족도가 높다. 필레 문에서

도보로 3분, 약 300m 정도 떨어져 있어 위치 면에서도 최상이다. 단점은 역시 높은 가격이다. 인터넷은 객실에서 유선으로 이용이 가능하며, 로비 등 공용 공간에서만 무선 인터넷이 무료다. 호텔 내 전용 주차장은 1일당 20€의 가격으로 이용할 수 있다.

◆ **주소:** Marijana Blažića 2, 20000 Dubrovnik, Croatia

◆ **전화번호:** +385 20 320 320

릭소스 리베르타스 호텔(Rixos Hotel Libertas)

스르지 산 전망대에서 구시가지를 바라보면 구시가지의 좀더 위쪽 해변에 자리 잡고 있는 큰 호텔이 눈에 띄는데 바로 이곳이다. 많은 객실과 해변의 리조트를 갖추고 있으면서도 주변의 다른 호텔에 비해서는 가격이 다소 저렴해서 많은 관광객들이 찾고 있다. 바다 전망의 실외 수영장에서 즐기는 선탠이 매력적이다. 또한 모든 객실이 바다 전망인 것도 큰 장점이다. 호텔 전체에서 와이파이가 무료로 제공되며, 호텔 내 전용 주차장을 무료로 이용할 수 있다.

◆ **주소:** Liechtensteinov Put 3, 20000, Dubrovnik, Croatia

◆ **전화번호:** +385 20 200 000

◆ **홈페이지:** libertasdubrovnik.rixos.com

호텔 벨뷰 두브로브니크(Hotel Bellevue Dubrovnik)

구시가지에서 약 1.2km 정도 떨어져 있는 미라마레 만 앞에 위치하고 있다. 두브로브니크에서도 손꼽히는 높은 수준의 호텔로 모든 객실이 바다 전망이며 지중해 풍의 스파와 실내 수영장, 사우나, 피트니스 등을 이용할 수 있다. 호텔 전용 해변도 이용 가능하다. 원목과 화강암을 이용해 만든 모던한 느낌의 객실로 젊은 사람들에게 특히 인기가 많다. 호텔 전체에서 와이파이가 무료로 제공되며, 주차장은 별도의 금액을 지불하고 이용할 수 있다.

◆ **주소:** Pera Čingrije 7, 20000, Dubrovnik, Croatia

◆ **전화번호:** +385 20 300 300

◆ **홈페이지:** www.adriaticluxuryhotels.com/en/hotel-bellevue-dubrovnik

호텔 엑셀시오 두브로브니크(Hotel Excelsior Dubrovnik)

호텔 엑셀시오는 두브로브니크 구시가지에서 남쪽으로 조금 더 내려간 곳에 위치하고 있다. 구시가지까지 도보로 약 5분 정도 소요되는 거리에 있으며, 바다 전망의 방에서는 저녁에 아름답게 빛나는 구시가지의 야경을 감상할 수 있다. 호텔 앞에는 스파와 연결되어 있는 전용 해변이 있으며, 실내 수영장과 사우나도 운영하고 있다. 호텔 전체에서 와이파이가 무료로 제공되며, 호텔 내 전용 주차장을 무료로 이용할 수 있다.

◆ **주소:** Frana Supila 12, 20000, Dubrovnik, Croatia

◆ **전화번호:** +385 20 300 300

◆ **홈페이지:** www.adriaticluxuryhotels.com/en/hotel-excelsior-dubrovnik

발라마르 두브로브니크 프레지던트 호텔(Valamar Dubrovnik President Hotel)

두브로브니크 구시가지와는 다소 떨어져 있지만, 렌터카가 있다면 충분히 이용해볼 만한 호텔이다. 두브로브니크 버스 터미널 및 페리 터미널과 마주하고 있는 바빈 쿡 반도에 있는 이 호텔은 편안하게 휴가를 즐기려는 사람들이 많이 찾는 곳으로, 비교적 저렴한 가격으로 높은 수준의 객실을 제공하고 있다. 호텔 근처에서 버스를 타면 필레 문까지 바로 갈 수도 있다. 호텔 전체에서 와이파이가 무료로 제공되며, 호텔 내 전용 주차장을 무료로 이용할 수 있다.

◆ **주소:** Iva Dulčića 142, 20000, Dubrovnik, Croatia

◆ **전화번호:** +385 52 465 130

◆ **홈페이지:** www.valamar.com/en/hotels-dubrovnik/valamar-dubrovnik-president-hotel

발라마르 아르고시 호텔(Valamar Argosy Hotel)

바빈 쿡 반도에 위치한 호텔로 객실의 수준이나 서비스가 가격 대비 상당히 좋은 것으로 잘 알려져 있다. 리모델링을 통해 2014년 새롭게 단장했기 때문에 깔끔한 객실이 가장 큰 장점이다. 아드리아 해를 바라볼 수 있는 실외 수영장과 실내 수영장, 바로 옆에 위치한 해변 등 휴양을 즐기기에도 좋은 호텔이며, 대중교통을 이용하면 필레 문까지 15~20분 안에 도착이 가능하다. 호텔 전체에서 와이파이가 무료로 제공되며, 호텔 내 공영 주차장을 무료로 이용할 수 있다.

◆ **주소:** Iva Dulčića 24, 20000 Dubrovnik, Croatia

◆ **전화번호:** +385 98 680 680

◆ **홈페이지:** www.valamar.com/en/hotels-dubrovnik/argosy-hotel

PART 3

크로아티아,
이대로 떠나기에는 너무 아쉽다

1장

여행 중간에 들려볼 만한
매력적인 도시들

앞서 소개한 곳들 외에도 크로아티아에는 여행객의 눈길을 끌 만한 장소들이 많다. 또한 시간을 조금만 낸다면 크로아티아와는 사뭇 다른 분위기를 보여주는 이웃나라 보스니아-헤르체고비나에 다녀오는 것도 가능하다. 지나치기 쉬운 크로아티아 여행의 보석 같은 장소들을 소개해본다.

트로기르

Trogir

트로기르는 긴 역사를 가지고 있는 도시다. 기원전 3세기경 비스(Vis) 섬에 살던 그리스인들이 이곳을 발견했고 로마 시대에는 '트라구리온(Tragurion)'이라는 이름으로 불렸다. 이 이름은 이곳을 발견했던 그리스인들이 트라고스(Tragos: 수컷 염소)라고 부른 것에서 왔으며, 트로기르도 여기에서 유래한 것이다.

로마 제국은 살로나를 중심으로 달마티아 지역을 지배했으나 로마 제국이 이 지역에 대한 지배력을 상실하고 슬라브족이 유입되면서 살로나는 급격히 쇠퇴했다. 그러면서 살로나에 살던 사람들은 트로기르로 이주한다.

트로기르는 바다에 둘러싸여 있는 작은 섬과 같은 구조로 외부의 침입을 방어하는 데 용이했기에 독립을 유지할 수 있었다. 1123년에는 사라센 제국의 침입으로 도

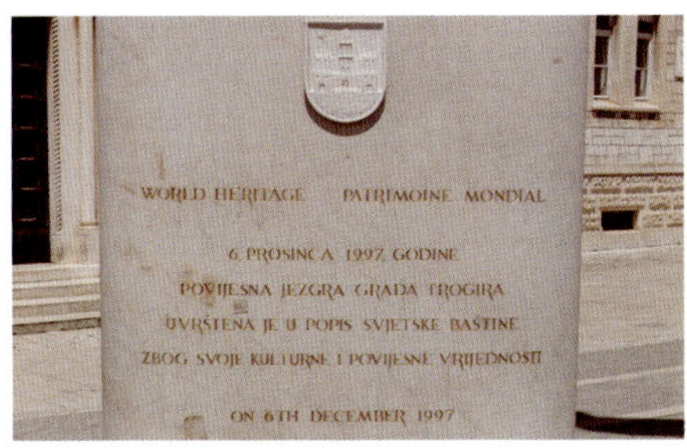

시가 거의 파괴될 뻔하지만 12~13세기에 걸쳐서 피해를 회복하고 강력한 경제력을 과시했으며, 1242년에는 헝가리-크로아티아 제국의 벨라 4세가 몽골의 침입을 피해 피신하기도 했다. 이후 달마티아 지방을 지배한 베네치아 공화국에 맞서 싸우기도 했으며, 베네치아 공화국이 몰락한 1797년 이후에는 오스트리아 제국의 지배를 받았다. 1918년 제1차 세계대전이 끝난 뒤에는 세르비아-크로아티아-슬로베니아 왕국의 영토로 편입되었다가 유고슬라비아 왕국-유고슬라비아 연방의 영토가 되었으며, 1991년 크로아티아가 유고슬라비아 연방에서 독립하면서 최종적으로 크로아티아의 영토가 되었다.

트로기르는 전체를 둘러보는 데 3~4시간이면 충분할 정도로 작은 크기이지만, 볼거리와 먹거리가 매우 풍성한 도시다. 오랜 역사를 거치면서 이어져 내려온 수많은 유적들이 있어 1997년 유네스코 세계문화유산으로 지정되기도 했다.

◆ **가는 방법:** 트로기르는 스플리트에서 가깝다. 렌터카를 이용하는 경우 스플리트로 들어가거나 나오면서 트로기르에 잠시 들를 수 있으며, 스플리트에서 숙박을 하는 경우 버스를 이용해 트로기르로 갈 수도 있다. 스플리트 공항을 경유하는 37번 버스를 이용하면 트로기르까지 약 1시간 정도 소요된다. 스플리트 버스 터미널에서는 트로기르까지 운행하는 고속버스도 있는데 이를 이용하면 40분만에 트로기르 버스 터미널까지 갈 수 있다.

성 로브르 대성당

Katedrala Sv. Lovre(St. Lawrence Cathedral)

성 로브르는 로마 제국의 황제였던 발레리아누스의 박해를 받아 순교한 기독교의 성인이다. 크로아티아어로는 성 로브르(Sv. Lovre), 라틴어로는 성 라우렌티우스(St. Laurentius), 영어로는 성 로렌스(St. Lawrence)라고 불린다.

이곳에는 원래 기독교의 교회가 있었지만 1123년 사라센의 침입으로 파괴되었으며, 그 터에 1213년부터 다시 성당을 건축하기 시작해 17세기에 완성했다. 로마네스크 양식과 고딕 양식이 혼합된 건축 형태를 보여주는데, 성당 입구는 화려한 조각으로 장식되어 있으며 양쪽에 몸을 가리고 서 있는 아담과 이브가 조각되어 있다. 이 조각은 트로기르 태생의 유명한 조각가 라도반(Radovan)이 만든 것이다.

성당에는 종탑이 있으며 이곳에 올라가면 트로기르의 모습을 한눈에 볼 수 있다.

하지만 종탑을 올라가는 계단이 오르내리기 쉽지 않기 때문에 높은 곳에 올라가는 것을 좋아하지 않는 사람에게는 권하지 않는다.

트로기르에서 숙박하기

트로기르는 스플리트보다 스플리트국제공항에서 더 가깝다. 대부분의 사람들이 스플리트 관광을 위해 스플리트에서 숙박을 하는데, 스플리트의 숙소는 상당히 비싸기 때문에 트로기르에서 머물면서 스플리트 관광을 하는 것도 좋은 방법이다. 트로기르에서는 괜찮은 수준의 호텔이나 아파트먼트를 1박에 우리나라 돈 7만~15만 원 정도에 예약할 수 있으므로 스플리트에서 숙소를 구하는 데 어려움을 겪는 사람이라면 트로기르의 숙소를 검색해보기 바란다.

이것만은 꼭!
트로기르에서 해야 할 것들

트로기르는 두브로브니크나 스플리트처럼 볼거리가 많은 도시는 아니다. 크기도 작고 중요한 건축물도 성 로브르 대성당 정도라고 할 수 있는데, 돌아다니다 보면 의외의 매력을 발견하게 된다.

트로기르의 곳곳을 연결하고 있는 좁은 골목은 트로기르에서 가장 매력이 넘치는 곳 중 하나다. 석회암으로 만든 건물과 바닥이 잘 어우러져 있고 아기자기한 건물에는 기념품 가게나 카페, 레스토랑이 영업중이다. 다만 골목이 좁고 복잡하기 때문에 아무 생각 없이 돌아다니다 보면 방향을 잃기 십상이다. 지도를 보면서 주의해서 돌아다니도록 하자.

　트로기르의 골목길에서 인상적인 것은 기념품 가게다. 관광 산업이 발달한 크로아티아는 도시 곳곳에서 기념품 가게를 쉽게 만날 수 있는데, 다른 도시에 비해 사람이 많이 찾지 않을 것 같은 트로기르의 기념품 가게는 의외로 깔끔하고 다양한 물건을 많이 구비하고 있다.

　또한 트로기르에서 가장 유명한 랜드마크인 성 로브르 대성당 주변을 돌아다니다 보면 크로아티아 전통 방식으로 짠 레이스를 파는 상인들의 호객 행위를 여러 번 당하게 된다. 약간이라도 관심을 보이면 끈질기게 달라붙기 때문에 관심이 없다면 아예 쳐다보지 않는 것이 좋다. 또한 이러한 물건들은 골목에 있는 기념품 가게에서도 구입이 가능하기 때문에 만약 필요하다면 기념품 가게에서 가격을 알아보고 적당히 흥정하면서 구입하는 것을 권한다.

　관광객이 많이 찾는 도시답게 골목에 위치한 레스토랑 중 괜찮은 맛집이 많다. 달마티안 스타일의 생선 요리나 이탈리안 레스토랑 등이 성업중인데, 가격대도 비싸지 않은 편이라 점심이나 저녁을 해결하기에도 좋다.

시베니크

Šibenik

시베니크는 달마티아 지방의 중부에 위치한 도시로 아름다운 해변의 풍경이 인상적이다. 자다르에서 스플리트로 가는 도중 들를 수 있고, 가볍게 둘러볼 수 있는 곳이기 때문에 잠깐 시간을 할애해보는 것도 좋다. 관광객으로 북적거리는 도시들과는 다른 느낌을 받을 것이다.

달마티아 지방의 다른 도시들에 처음 정착한 민족은 일리리아인이나 그리스·로마인이었으나 시베니크는 처음부터 크로아티아인이 정착해 세운 도시다. 시베니크는 11세기 크로아티아의 왕 크레시미르 4세에 의해 역사에 등장하는데 처음에는 이 지역을 '크레시미르 왕의 도시'라고 부르기도 했다.

1116년 베네치아 공화국에게 점령당했고 이후에는 비잔티움 제국, 헝가리 왕국,

보스니아 왕국 등이 시베니크를 번갈아 점령했다. 1412년 베네치아 공화국이 다시 통치권을 되찾았으나 이후에는 지속적으로 오스만튀르크 제국의 위협을 받았으며, 1797년 베네치아 공화국이 멸망한 뒤로는 합스부르크 왕가의 오스트리아 제국이 시베니크를 병합해서 1918년 제1차 세계대전이 끝날 때까지 통치했다.

1991년 발발한 유고슬라비아 내전 당시 시베니크는 큰 피해를 입었다. 유고슬라비아 공화국 군대와 세르비아 공수부대의 진입으로 도시가 함락되었으며, 1995년 종전 직전 크로아티아 군대가 시베니크를 수복하기 위해 대규모의 공격을 감행하면서 도시의 상당 부분이 파괴되었다. 지금은 피해를 입었던 지역 대부분이 복구되어 전쟁의 흔적을 찾아보기 어렵다. 그러나 시베니크는 유고슬라비아 내전으로 인해 도시를 지탱하던 알루미늄 제조 산업에 큰 타격을 입었으며, 최근에는 관광업이 도시 경제의 중요한 부분을 차지하고 있다.

◆ **가는 방법**: 각 도시에서 시베니크행 버스를 탄다. 자다르 버스 터미널의 시베니크행 버스는 시베니크를 거쳐 스플리트까지 운행하는 노선으로 계절에 따라 하루 7~10회가량 운행한다. 약 1시간 30분 정도 소요되며 요금은 51kn다. 스플리트에서 시베니크로 가는 버스는 역시 계절에 따라 하루에 7~10회가량 운행되며 1시간 35분 정도가 소요된다. 요금은 59~70kn다.

Tip

시베니크 버스 터미널

시베니크 버스 터미널은 주요 관광지가 모여 있는 구시가지에서 멀지 않은 곳에 있다. 서두르면 2~3시간 내에 돌아보는 것도 가능하므로 버스 시간을 잘 계산해서 관광을 즐기는 것이 좋다. 짐은 버스 터미널의 유인 보관소에 맡길 수 있으며 요금은 12kn다.

성 야고보 성당

Katedrala Sv. Jakova(St. James's Cathedral)

성 야고보 성당은 시베니크 관광의 핵심으로, 자다르 태생의 건축가인 유라이 달마티나츠(Juraj Dalmatinac)의 대표작으로 손꼽힌다. 1431년 고딕 양식으로 건축을 시작했지만 10년 뒤 시 당국은 베네치아 공화국의 여러 건축가들을 저울질한 끝에 달마티나츠에게 공사를 맡기기로 결정했고, 달마티나츠는 성당의 규모를 확대하고 르네상스 양식을 대거 도입해 성당을 건축했다. 성당은 달마티나츠의 사후인 1536년 완공되었다.

성 야고보 성당은 건축학적 가치가 매우 높은 건물로 2000년에 유네스코 세계문화유산에 등재되었다. 가장 눈여겨볼 만한 특징은 성당의 허리 부분을 감싸 두르고 있는 71개의 프리즈(Frieze: 방이나 건물의 윗부분에 있는 띠 모양의 장식)다. 프리즈로 만들

어진 두상은 15세기의 평범한 크로아티아 사람들을 모델로 만들었는데 각각의 표정이 다양하게 표현되어 있다.

성당 안에 있는 성구 보관실로 내려가는 계단 통로나 3명의 천사가 세례단을 떠받치고 있는 세례당 역시 달마티나츠의 작품이다. 성당 북쪽 옆면에는 사자의 문이 있는데, 아담과 이브를 묘사한 기둥을 2마리의 사자가 받치고 있는 모양으로 달마티나츠와 보니노 다 밀라노(Bonini da Milano)가 공동으로 만들었다. 이외에도 성당 내부에는 가치를 인정받고 있는 다양한 미술품들이 소장되어 있다.

성 야고보 성당은 벽돌이나 목재를 이용해 지지하지 않고 오직 돌로만 지어진 세계 최대 규모의 성당이다. 이 돌은 시베니크 인근의 브라치, 코르출라, 라브, 크르크 등에서만 채집된 것이라고 한다. 또한 당시의 기술로는 구현이 불가능한 것으로 알려져 건축 과정이 베일에 싸여 있는 성당 내부 제단의 돔 모양의 천장 역시 성당의 하이라이트 중 하나다.

성 로브르 수도원과 중세 정원

Samostan Sv. Lovre(Monastery of St. Lawrence)

1648년 프란체스코회의 수도사들은 오스만튀르크의 침입을 피해 시베니크에 정착했다. 원래 성 로브르 수도원 건물은 15세기에 건축된 것으로 알려져 있는데, 수도사들이 이를 사들여 수도원으로 사용했다고 전해진다.

수도원에 있는 중세 정원은 크로아티아 출신의 유명한 화가인 드라구틴 키슈(Dragutin Kiš)가 기존의 정원 구조를 다소 바꾸고 허브와 약초를 심어 완성한 정원이다. 이곳에는 아이스크림과 케이크, 커피 등을 판매하는 카페가 있어 잠시 휴식을 취할 수 있다.

모스타르

Mostar

모스타르는 크로아티아에 속한 도시가 아니라 이웃 나라인 보스니아 – 헤르체고비나에 있는 도시다. 보스니아는 우리에게 내전으로 잘 알려진 국가이기 때문에 여행하는 것이 다소 꺼려질 수도 있지만 최근에는 치안이 많이 좋아져서 상당히 많은 관광객들이 찾고 있다. 특히 두브로브니크에서 버스를 타고 3~4시간가량 이동하면 도착하기 때문에 모스타르는 독특한 보스니아의 분위기를 조금이라도 맛보기 위한 사람들의 발길이 이어지고 있다.

　모스타르는 보스니아 – 헤르체고비나 중 헤르체고비나 지역에 위치한, 헤르체고비나에서 가장 중요한 도시다. 네레트바(Neretva) 강이 도시를 관통하고 있는데, 모스타르라는 이름은 '다리 파수꾼들'이라는 뜻의 '모스타리(Mostari)'에서 비롯되었다.

네레트바 강을 건너기 위해서는 모스타르를 반드시 통과해야만 했기 때문에 오스만튀르크 제국 시절부터 전략적 요충지로 그 가치를 인정받았다.

모스타르도 잔인했던 내전의 칼바람을 피해갈 수 없었다. 1992년 2월 보스니아가 독립선언을 한 후 보스니아 내전이 발발했으며, 1992년 4월부터 세르비아 군대가 모스타르를 포격하기 시작했다. 처음에는 보스니아와 크로아티아의 연합군이 세르비아군에 대항했으나 크로아티아가 지금의 헤르체고비나 지역을 차지할 목적으로 보스니아 군대를 공격하면서 상황이 달라졌고, 모스타르에서도 보스니아와 크로아티아군이 격렬하게 전투를 벌이게 되었다. 이 과정에서 크로아티아군의 포격에 의해 모스타르의 상징이었던 스타리 모스트가 파괴된다.

모스타르 시내 곳곳에는 무너진 건물과 총알 자국이 그대로 남아 있어 내전 당시의 아픔을 보여주고 있다. 보스니아의 경제력은 이렇게 파괴된 도시의 건물을 제대로 철거하거나 수리할 수 없을 정도로 빈약한 상태이며, 정치 상황 또한 매우 혼란스럽다. 그러나 모스타르는 오스만튀르크 제국의 흔적이 남아 있는 자갈이 깔린 길과 스타리 모스트가 만들어내는 환상적인 분위기, 그곳에서 조금만 벗어나면 그대로 눈에 보이는 내전의 상처들이 어우러져 관광객들의 호기심을 자극하는 도시로 그 매력을 조금씩 뿜내고 있다.

스타리 모스트

Stari Most(Old Bridge, 오래된 다리)

스타리 모스트는 모스타르의 상징과도 같은 건축물로 보스니아 – 헤르체고비나 전체를 통틀어서 가장 유명한 랜드마크라고 봐도 무방할 정도로 관광객들에게 잘 알려져 있다.

네레트바 강은 유속이 상당히 빠르기 때문에 강을 건너는 사람들이 항상 어려움을 겪던 곳이다. 강을 건너기 위해 놓았던 현수교가 흔들려 건너는 사람을 공포에 질리게 만든다는 것을 알게 된 오스만튀르크의 슐레이만 대제는 현수교를 대체하기 위한 튼튼한 아치 형태의 돌다리를 만들 것을 지시한다. 1566년 미마르 하이루딘(Mimar Hayruddin)에 의해 당시 기술로는 상상하기 힘들었던 높은 경사를 지닌 아치 모양의 다리가 완성되었다. 길이 30m, 폭 4m, 가장 높은 곳의 높이는 21m에 이르

러 이슬람 건축 기술의 우수함을 잘 보여주는 건축물이다.

제2차 세계대전 당시 나치의 탱크가 지나가도 멀쩡했다고 할 정도로 튼튼했던 이 다리는 보스니아 내전이 한창이던 1993년 크로아티아군의 포격으로 파괴되었다. 당시 포탄 60발을 쏟아부어 파괴했다고 전해지는데, 포격을 지시했던 크로아티아군의 슬로보단 프랄리악 사령관은 스타리 모스트의 파괴를 포함해 보스니아 내전 당시의 전쟁 범죄에 가담한 혐의로 구 유고슬라비아 국제형사재판소에 전범으로 회부되어 20년 형을 선고받았다.

전쟁이 끝난 후 유네스코, 세계은행, 크로아티아, 터키, 이탈리아, 네덜란드, 프랑스 등의 지원을 받아 최대한 원래의 형태에 가깝도록 다리를 복원하는 프로젝트를 시작했다. 16세기 스타리 모스트가 처음 건축되었을 때의 기술을 최대한 재현하고 심지어 다리를 만들 당시에 사용했던 채석장에서 돌을 가져오는 등 정성스럽게 복원 작업을 진행했으며, 2004년 7월 23일에 최종적으로 복원 작업을 마치고 일반인에게 공개되었다.

샤드르반

Šadrvan

보스니아에 온 만큼 전통 음식을 한 번쯤 맛보는 것도 좋다. 생각보다 우리 입맛에 잘 맞기 때문에 두려움 없이 보스니아 전통 음식점을 찾아 나서보자. 스타리 모스트에서 이어지는 보행자 전용 거리에 위치한 샤드르반에서는 다양한 고기로 만든 보스니아 음식을 푸짐하게 맛볼 수 있다.

체바피(Ćevapi)는 가장 잘 알려진 보스니아 전통 음식으로 소고기, 돼지고기, 양고기 등을 갈아서 양념해 만든 소시지 모양의 고기다. 피타(Pita) 혹은 소문(Somun)이라고 부르는 빵과 같이 먹는데 빵은 밀가루를 얇게 펴 뜨거운 철판 위에서 구운 것이다.

이 레스토랑에서 제공하는 메뉴 중 가장 먹어볼 만한 것은 '플레이트 샤드르반

플레이트 샤드르반

(Plate Šadrvan)’이다.

체바피와 케밥, 소시지, 꼬치구이 등 다양한 종류의 고기와 야채, 프렌치 프라이 등이 제공된다. 미니(Mini) 사이즈는 최소 2인, 맥시(Maxi) 사이즈는 4인 정도 되어야 도전할 수 있을 정도로 양이 많다. 숯불에 구운 것 같은 체바피는 다소 짠 편이지만 빵과 먹으면 상당히 맛이 좋고 맥주 안주로도 그만이다.

쿠윤질루크(Kujundziluk) **거리**
오스만튀르크 제국 당시 형성되었던 거리가 그대로 남아 있는 쿠윤질 루크 거리는 레스토랑과 카페, 그리고 다양한 종류의 기념품을 파는 가 게들이 줄지어 있다.

2장

크로아티아,
좀더 자세히 알고 싶다

CROATIA

방송이나 책에 소개된 내용만 보고 크로아티아를 단순히 '예쁜 관광지'쯤으로 여긴다면 크로아티아의 진면목을 제대로 볼 수 없다. 크로아티아 여행을 계획한다면 아름다운 풍경과 친절한 사람들의 얼굴 뒤에 가려진 크로아티아의 가슴 아픈 현대사에도 관심을 기울여야 할 것이다. 그리고 새롭게 도약을 꾀하고 있는 크로아티아 사람들의 생활과 문화를 좀더 깊이 있게 바라본다면 여행의 감동이 더욱 크게 다가오게 될 것이다.

20세기 이전의 크로아티아

디오클레디아누스의 궁전

크로아티아가 위치한 남동유럽은 흔히 '발칸 반도'라고 불리기도 하며, 세계에서 가장 복잡한 역사를 가지고 있는 지역이다. 세계의 역사에 등장하는 강대국들이 항상 주변에 위치하고 있었기 때문에 이 지역에 강력한 독립국가가 자리를 잡았던 적은 거의 없다고 해도 과언이 아니다. 결국 다양한 종교와 인종이 이 지역을 지배했기 때문에 비극적인 현대 역사의 희생양이 되었다.

이탈리아 반도와 아드리아 해를 사이에 두고 마주보고 있는 지리적 특성 때문에 크로아티아는 기원전 2세기부터 이미 로마 제국의 지배를 받았으며, 로마의 속주로서 '달마티안(Dalmatian)'이라는 이름으로 불리게 되었다. 지금도 아드리아 해에 면해 있는 지역을 '달마티아'라고 부른다.

4두 정치와 함께 후기 로마 제국의 기틀을 닦은 것으로 평가받는 디오클레티아누스 황제는 로마 제국의 속주였던 솔라나(현재 크로아티아의 솔린) 태생으로 자신의 고향 근처인 스플리트에 궁전을 짓고 은퇴 후 그곳에서 생활했다. 이후에도 이탈리아와 마주보는 달마티안 지역은 로마 황제의 휴양지로 이용된다.

로마 제국의 세력이 약해진 뒤에는 게르만족이 이 지역을 자주 침공했으며, 이후에도 다양한 민족들이 이 지역을 지배했다. 8세기까지는 동로마 제국이 지배했지만 슬라브족이 남하하면서 동로마 제국은 지배권을 상실했으며, 이후에는 계속 슬라브족의 지배 아래에 놓이게 되었다.

크로아티아를 포함한 남동유럽 지역은 모두 슬라브족의 지배를 받게 되었다. 하지만 크로아티아계의 슬라브인은 가톨릭과 함께 서유럽의 문화를 받아들인 반면 좀더 동쪽에 위치한 세르비아계의 슬라브인은 동방정교(그리스정교회)를 받아들였고, 남쪽에서 올라온 오스만튀르크 제국의 지배와 함께 이슬람교도 자리를 잡았기 때문에 종교적으로 매우 복잡한 역학 관계가 형성된다. 이러한 복잡한 역사는 이 지역의 현대사를 비극적으로 만드는 중요한 원인이 되기도 한다.

19세기 이후 산업혁명이 일어나면서 제국주의가 극도로 팽창하고, 유럽 전역에 퍼지던 민족주의 가운데 독일 – 오스트리아 – 헝가리를 중심으로 하는 범게르만주의와 러시아를 중심으로 하는 범슬라브주의가 충돌한다. 그 충돌의 이유 중 하나는 당시 유럽을 강력하게 위협하면서 남동유럽을 지배했던 오스만튀르크 제국이 서서히 몰락하고 있다는 것이었다.

오스만튀르크 제국은 터키를 넘어서서 남동유럽에서 우크라이나에 이르는 지역까지 영향력을 미치고 있었다. 그러나 러시아는 남하 정책의 일환으로 오스만튀르크 제국과 지속적으로 투쟁하면서 크림 반도까지 영토를 넓히게 되었고, 오스트리아 역시 오스만튀르크와 전쟁을 벌이면서 헝가리와 슬로베니아를 넘어 크로아티아까지 영토를 확장하게 되었다. 18세기 이후 유럽을 위협하던 오스만튀르크 제국의 힘은 눈에 띄게 약해지고, 영토 분쟁이 심각했던 남동유럽에서의 지배권을 서서히 상실하게 된다. 이때를 기회로 세르비아와 몬테네그로는 오스만튀르크를 상대로 독립전쟁을 벌여 결국 독립을 쟁취했으며 불가리아, 루마니아 등도 차례로 독립했다.

하지만 오스트리아 – 헝가리 제국은 영토 확장에 대한 야심을 지속적으로 드러내면서 남동유럽에 손을 뻗쳤고 결국 1908년 보스니아를 합병했다. 범슬라브주의를 내세우며 남동유럽 지역에서 통일된 왕국을 건설하려 했던 세르비아는 오스트리아의 보스니아 합병에 크게 반발할 수밖에 없었고 이것이 제1차 세계대전을 일으키는 도화선이 되었던 것이다.

20세기 이후의 크로아티아

라틴 다리

1914년 사라예보(현재 보스니아 - 헤르체고비나의 수도)에서 오스트리아 - 헝가리 제국의
황태자였던 프란츠 페르디난트(Franz Ferdinand) 대공과 그의 부인 조피 호테크(Sophie
Chotek)가 라틴 다리(Latin Bridge)에서 세르비아 민족주의 조직의 청년 가브릴로 프린
치프(Gavrilo Princip)에게 암살되는 이른바 '사라예보 사건'이 일어났다. 오스트리아는
보스니아를 병합했을 뿐만 아니라 세르비아 주도의 슬라브 민족 통합 운동을 방해
하기 위해 알바니아의 독립을 지원하기도 했기 때문에 세르비아가 크게 반발하고
있는 상황이었다.

　오스트리아 - 헝가리 제국은 세르비아를 상대로 선전포고를 했으며, 이에 러시아
가 세르비아를 지원하기로 하고 총동원령을 내리면서 1918년까지 5천만 명 이상의
사상자가 발생한 제1차 세계대전이 발발한다. 독일은 오스트리아 - 헝가리 제국을

위해 러시아와 프랑스에 선전포고를 했으며, 영국이 독립을 보증했던 벨기에가 독일에게 침공당하면서 영국 역시 참전하게 된다. 이전까지는 전혀 볼 수 없었던 대규모 전쟁이 벌어지게 만든 불씨는 바로 남동유럽 지역에서의 갈등이었던 것이다.

제1차 세계대전이 끝난 뒤 남동유럽에는 유고슬라비아 왕국이 건설된다. 처음에는 세르비아-크로아티아-슬로베니아 왕국이라는 긴 이름의 왕국이 설립되지만 1929년 '남슬라브인의 땅'이라는 뜻의 유고슬라비아 왕국으로 이름을 바꾸었으며, 이 왕국은 제2차 세계대전이 한창이던 1941년까지 지속되었다.

1941년 나치 독일의 아돌프 히틀러가 이 지역을 침공하면서 유고슬라비아 왕국은 단 11일 만에 패망하게 되는데, 힘없이 무너진 왕국의 모습과 달리 유고슬라비아인들은 '파르티잔(Partisan)'이라고 불리는 게릴라 부대를 조직해 나치 독일에 맹렬하게 대항했다. 당시 파르티잔 활동을 주도했던 크로아티아 출신의 요시프 브로즈 티토는 전쟁이 끝난 후 통일된 사회주의 국가의 대통령이 되어 1980년까지 유고슬라비아 연방공화국을 통치했다.

▶ 유고슬라비아 사회주의 연방공화국 이야기

유고슬라비아에 대한 이야기 중에 '1234567 국가'라는 것이 있다. 유고슬라비아는 1개의 국가, 2개의 문자(알파벳·키릴문자), 3개의 종교(가톨릭·동방정교·이슬람교), 4개의 언어(세르보-크로아티아어·슬로베니아어·마케도니아어·알바니아어), 5개의 민족(세르비아·크로아티아·슬로베니아·니케도니아·알바니아인), 6개의 연방 구성국(세르비아·크로아티아·슬로베니아·보스니아-헤르체고비나·몬테네그로·마케도니아), 7개의 접경 국가(이탈리아·오스트리아·헝가리·루마니아·불가리아·그리스·알바니아)로 이루어져 있다는 의미다.

특히 종교는 이 지역의 사람들을 구분하는 중요한 기준이 되었다. 크로아티아-슬로베니아계는 가톨릭을, 세르비아-몬테네그로계는 동방정교를, 보스니아계는 주로 이슬람교를 믿고 있다. 인종적으로는 별 차이가 없음에도 종교 때문에 서로를 구분하고 반목하면서 전쟁까지 겪게 되는 비극적인 역사를 가지게 된 것이다.

유고슬라비아 연방에서 독립한 국가들

    1945년 제2차 세계대진이 끝난 뒤 유고슬라비아 왕국 대신 유고슬라비아 사회주의 연방공화국이 설립되었다. 전쟁 당시 파르티잔 활동으로 명망이 높았던 요시프 브로즈 티토가 총리 겸 대통령으로 국가를 통치했다. 사회주의 국가이기는 하지만 소련의 입김에 의해 사회주의 정부가 수립된 주변의 다른 국가들과 달리 유고슬라비아는 독자적인 노선을 추진했다. 티토 대통령이 유고슬라비아에 간섭하려던 스탈린과 마찰을 빚어 1948년 코민포름에서 축출된 후 유고슬라비아는 서방의 여러 국가들과 교류하면서 탄탄한 경제력을 갖추게 되었다. 일부에서는 유고슬라비아를 다른 공산주의 독재 국가와 마찬가지로 취급하고 있지만, 유고슬라비아는 처음부터 소련이나 인근의 위성 국가와는 다른 길을 걸었다. 현재의 중국이나 베트남이 추구하는 공산주의 체제 기반하의 개방 정책을 처음으로 시도했던 것도 유고슬라비아였다. 실제로 유고슬라비아는 개방 정책을 바탕으로 공산주의 국가 중에서 가장 높은 소득 수준과 경제력을 자랑했다.

    티토 대통령은 당시 세계를 양분하고 있던 미국과 소련의 냉전에서 벗어나 자국의 이익을 추구하는 제3세계 비동맹노선을 주도했으며, 다양한 민족과 종교를 가진 유고슬라비아의 민족들을 특유의 카리스마로 잘 다스려 강력한 국력을 갖추게 되었다. 그러나 1980년 티토 대통령이 사망하면서 유고슬라비아는 급격한 변화를 겪는다. 티토 대통령의 카리스마에 숨을 죽이고 있던 민족주의자들이 서서히 큰 목소리를 내기 시작했으며, 유고슬라비아 연방을 주도하던 세르비아계가 다른 민족들을 차별하면서 갈등이 불거졌다. 또한 소련이 붕괴되고 동유럽에서 민주화와 독립의 바람이 불면서 유고슬라비아 내에서도 각 민족의 독립에 대한 요구가 봇물처럼 터져 나오게 되었다.

요시프 브로즈 티토(Josip Broz Tito, 1892~1980)

브로즈 티토

유고슬라비아 사회주의 연방 공화국의 대통령으로 본명은 요시프 브로즈이며 티토는 별명이다. 티토는 1892년 현재의 크로아티아 쿰로베츠에서 태어났다. 그의 아버지는 크로아티아계였고 어머니는 세르비아계였는데, 아버지가 대장장이로 가난하게 살고 있었기 때문에 초등학교도 제대로 졸업할 수 없었다. 기술공으로 여기저기 떠돌면서 생계를 이어가다가 제1차 세계대전이 발발하고 오스트리아 – 헝가리 제국의 군대에 징집되어 전쟁에 나선다. 전쟁 도중 러시아군에게 포로로 잡혔지만 1917년 러시아 혁명으로 소란스러워진 틈을 타서 탈출한다. 당시 포로수용소에서 목격했던 러시아 혁명의 영향으로 티토는 공산주의자가 되기로 결심한다.

유고슬라비아로 돌아온 후 티토는 유고슬라비아 사회당에 입당했으며, 금속 공장의 노동자로 일하면서 노동조합을 조직하는 등 공산주의 운동에 앞장선다. 1941년 나치 독일이 유고슬라비아 왕국을 침공하자 나치 독일의 군대에 대항하는 게릴라 부대 '파르티잔'을 조직한다. 티토라는 이름은 이 당시 지었으며, 크로아티아어로 "네(Ti)가 이것(To)을 해라."라는 말에서 비롯되었다고 한다.

파르티잔 활동을 바탕으로 티토는 전 국민적인 인기를 얻는다. 소련군이 유고슬라비아에 진입해 독일 군대를 몰아낼 당시 티토는 군대를 이끌고 소련군과 함께 수도 베오그라드에 진입했으며, 이후에도 서방 국가 및 소련과의 협상을 통해 독립 정부의 지위를 인정받는다. 1948년 티토는 유고슬라비아 사회주의 공화국을 건국하고 수상이 된다. 당시 소련의 스탈린은 동유럽의 많은 국가들을 공산주의 위성국으로 만들려고 계획했고, 유고슬라비아도 그 대상 중 하나였다. 티토는 스탈린의 이러한 야심에 반발해 독자적인 노선을 추구하고, 결국 공산주의 국가들의 모임이었던 코민포름에서 축출되었다.

유고슬라비아는 티토의 강력한 지도력과 탄탄한 경제력을 바탕으로 독자적인 발전을 추구한다. 티토는 미국과 소련이 주도하는 어느 진영에도 속하지 않는 '비동맹주의 운동'을 주도했으며 이러한 움직임에 동참하는 아시아, 아프리카의 제3세계 국가들과 활발하게 교류하면서 세계적 지도자로서의 명성을 쌓는다. 1974년 티토는 헌법 개정을 통해 종신 대통령이 되었다. 그러나 다리의 혈행 장애로 입원한 뒤 수술을 받았으나 회복하지 못했고, 1980년 5월 4일 사망한다. 그의 유해는 슬로베니아의 류블랴냐에서 세르비아의 베오그라드까지 운구되었는데, 이때 수많은 유고슬라비아의 국민이 거리로 나와 슬퍼했다. 티토의 묘소는 현재 세르비아의 수도 베오그라드에 있으며, 당시 유고슬라비아의 찬란했던 시절을 기억하는 많은 시민들과 관광객들의 발길이 이어지고 있다.

유고슬라비아 내전

1991년 6월 25일, 유고슬라비아 연방을 구성하고 있던 크로아티아와 슬로베니아가 독립을 선언하면서 연방을 탈퇴한다. 일반적으로 독립을 선언한 6월 25일을 유고슬라비아 내전이 시작된 날로 간주하지만, 3월 31일 플리트비체 호수 국립공원을 지키던 경찰관 요시프 요비치가 세르비아 반군에게 살해된 것을 전쟁의 시작으로 보기도 한다. 오랫동안 유고슬라비아 연방을 주도하면서 남슬라브족 통합 운동에 앞장섰던 세르비아는 독립에 반대하면서 크로아티아를 침공하는데, 이로써 현대 역사에서 가장 끔찍한 전쟁 중 하나로 꼽히는 유고슬라비아 내전이 발발하게 된다.

세르비아는 크로아티아와 슬로베니아, 두 국가를 상대로 전쟁을 벌여야 했는데, 국민의 90% 이상이 슬로베니아계였던 슬로베니아와는 단 10일만 전투를 치르고 휴전 뒤 철수하면서 사실상 독립을 인정했다. 그리고 모든 군사력을 크로아티아에 집중시켜 전쟁을 치른다. 유고슬라비아 공화국 시절의 막강한 군사력을 고스란히 보유하고 있던 세르비아에 비해 크로아티아의 군사력은 보잘것없었음에도 격렬하게 저항했으며, 이 과정에서 두브로브니크나 자다르와 같은 유명 관광지도 상당수 파괴되었다. 모든 면에서 크로아티아에 열세인 전쟁이었다. 하지만 1991년 9월 마케도니아도 독립을 선언해 세르비아는 마케도니아의 독립을 인정할 수밖에 없었으며, 결국 크로아티아도 1992년 독립에 성공했다.

크로아티아와 세르비아 간의 전쟁으로 총 2만 명 이상이 사망하고, 4만 2천 명 이상이 부상, 25만 명 이상의 난민이 발생했다. 하지만 이후 보스니아에서 벌어진 내전은 이보다 훨씬 더 참혹한 결과를 낳았다.

크로아티아와 세르비아의 내전이 막바지로 치닫던 1992년 보스니아도 독립을 선언한다. 다른 국가들과 달리 보스니아는 세르비아계 · 크로아티아계 · 보스니아계 사람들이 종교를 바탕으로 매우 복잡하게 얽혀 있어 세르비아의 침공과 함께 보스니아 내부에서 세르비아계가 반란을 일으켰고, 크로아티아도 전쟁에 참여하면서 유고슬라비아 내전은 정점으로 치달았다.

보스니아 내전은 가장 근래에 조직적으로 인종 학살 및 강간과 같은 전쟁 범죄가 벌어진 전쟁으로 악명이 높다. 또한 당시 세르비아계가 저질렀던 전쟁 범죄로 인해 아직까지 다수의 사람들은 세르비아만을 가해자로 인식하고 있다. 그러나 과거의 역사를 거슬러 살펴보면 이러한 전쟁 범죄 또한 결국 역사가 만들어낸 비극이라고 볼 수밖에 없다.

제2차 세계대전 당시 나치의 침공과 함께 유고슬라비아 왕국이 멸망했다. 당시 크로아티아계는 전쟁을 위한 병력 소집에 불응해 유고슬라비아 왕국이 단 11일 만에 패망하는 데 일조했으며, 반유고슬라비아 민족주의 조직이었던 '우스타사(Ustaša)'는 전쟁중 무자비하게 세르비아계에 대한 인종 청소를 벌여 40만 명 이상의 세르비아 사람들을 학살했다. 우스타샤의 인종 학살은 세르비아계가 극단적인 민족주의를 품게 만드는 중요한 원인이 되었으며, 이것이 결국 티토 대통령의 사망 후 유고슬라비아 내전을 극단적으로 만들게 되었다고 할 수 있다.

세르비아와 크로아티아의 전쟁은 공식적으로 1995년 11월 12일, 아듀트 협정과 함께 종결되었다. 크로아티아와 슬로베니아는 독립국이 되었으며 세르비아는 몬테네그로와 신유고연방(세르비아-몬테네그로 연방공화국, 후에 다시 세르비아와 몬테네그로로 분리)을 수립했다.

보스니아 내전은 1995년 12월 미국이 주도한 데이튼 협정을 통해 종결되었는데, 이후 보스니아 역시 보스니아-헤르체고비나라는 복잡한 이름의 국가로 독립했다. 데이튼 협정의 골자는 보스니아-헤르체고비나 연방공화국의 독립을 인정하지만 내전 당시 세워진 세르비아계의 스르프스카 공화국과 크로아티아-무슬림의 연합의 존재도 인정하며, 보스니아 · 세르비아 · 크로아티아계 민족의 대표자가 대통령 위원회를 구성하고 번갈아서 대통령직을 수행한다는 내용이다. 보스니아의 독립을 인정하기는 했지만 내부의 갈등 요인은 그대로 둔 상태에서 서둘러 전쟁을 봉합시킨 이상한 형태의 협정으로 보스니아-헤르체고비나의 정치 상황은 지금도 매우 불안정한 상태다.

보스니아 내전으로 10만 명에 가까운 사망자가 발생했다고 하지만 실제로는 15만 명 이상인 것으로 추정된다. 보스니아의 수도였던 사라예보는 전쟁 전 인구가 45만 명이었으나 전쟁 후 30만 명으로 줄었고, 지금까지 전쟁 이전의 숫자를 회복하지 못

하고 있다. 인종 학살, 강간 등 보스니아 내전에서 있었던 전쟁 범죄는 표현하기 어려울 정도로 끔찍한데, 전쟁을 주도했던 세르비아의 슬로보단 밀로셰비치(Sobodan Milošević) 대통령은 전쟁 이후 전범 재판에 회부되어 재판을 받던 중 2006년 감옥에서 사망했다.

2006년 베를린 국제 영화제에서 황금곰상을 수상한 영화 〈그르바비차(Grbavica)〉는 보스니아 내전의 참상을 그린 영화다. 이 영화는 내전 당시 세르비아군에 포위당했던 수도 사라예보의 그르바비차 마을에서 벌어진 전쟁 범죄에 대한 이야기를 다루고 있다. 보스니아 내전 당시 세르비아군은 보스니아인에 대한 말살 정책의 일환으로 보스니아계의 여성들을 집단으로 강간하고, 임신한 여성들은 낙태하지 못하도록 수용소에 가두어 강제로 세르비아인의 자식을 출산하게 하는 끔찍한 전쟁 범죄를 저질렀는데, 가장 큰 피해를 입었던 마을이 바로 그르바비차였다. 전쟁중 2만 명 이상의 여성이 이러한 전쟁 범죄의 피해를 입었는데 종전 후 피해자들은 수치스러운 존재로 낙인찍혀 전쟁 피해자로 인정받지 못하고 어려운 생활을 지속해야 했다.

1995년 데이튼 협정의 체결로 유고슬라비아 내전은 실질적으로 종결된 것으로 간주하기도 하지만, 1998년 2월 28일부터 1999년 6월 10일까지 코소보 내전이라는 또 다른 전쟁이 발발했다. 일부 학자들은 코소보 내전이 종결된 1999년 6월 10일을 실질적인 유고슬라비아 내전의 종전일로 보기도 한다.

코소보 내전

코소보는 원래 세르비아의 영토로 동방정교를 믿는 슬라브족이 거주하던 지역이었으나 오스만튀르크 제국이 지배할 당시 이슬람교를 믿는 알바니아계 민족이 대거 유입되었으며, 1974년 티토 대통령에 의해 자치주로 승격되었다. 특히 코소보는 중세 세르비아 왕국의 발상지이기에 세르비아 민족의 성지처럼 여겨진다.

1980년 티토 대통령이 사망한 이후 민족주의가 남동유럽을 휩쓸면서 코소보에도 독립의 목소리가 높아지는데, 일부 세력을 중심으로 무장 투쟁이 전개되었다. 보스니아 내전이 끝난 후인 1998년 코소보 해방군이 세르비아 경찰을 살해하는 사건이 발생했고, 신유고연방(세르비아-몬테네그로)이 군대를 파견해 코소보 해방군을 소탕하면서 내전이 발발하게 되었다. 세르비아군은 코소보에서 알바니아계의 무슬림들을 대량 학살하면서 다시 한 번 세계를 경악하게 만들었다. 미국과 유럽연합이 전쟁을 즉각 중단할 것을 요구했지만 세르비아군은 이를 무시하고 코소보 해방군을 밀어붙였으며 짧은 기간 1만 명이 넘는 알바니아계 사람들을 학살했다.

결국 미국을 중심으로 하는 나토(NATO)가 개입해 세르비아의 주요 거점을 폭격했다. 현재 세르비아의 수도 베오그라드에 폭격 흔적이 남아 있는 건물들은 이때 나토군의 토마호크 미사일에 당한 것이다. 나토군이 개입하면서 신유고연방의 몬테네그로는 중립을 선언했다. 나토군은 78일간 세르비아를 공습했으며, 미국은 러시아를 압박해 세르비아를 협상 테이블로 끌어내고 군대를 철수시키게 했다. 1999년 6월 10일 세르비아 군대가 코소보에서 철수하면서 코소보 내전은 끝을 맺었다.

이후 코소보는 독립을 선언한 상태이지만, 일부 국가는 독립을 인정하지 않고 있다. 특히 세르비아와 친밀한 관계를 유지했던 러시아와 중국이 코소보의 독립을 반대하고 있다. 한국은 2008년 3월 28일 코소보의 독립을 공식적으로 인정했다. 현재까지 코소보의 독립을 인정하고 있는 나라는 108개국이며, 자국 내의 소수 민족 독립 문제 등이 얽혀 있어 코소보의 독립 승인을 미루는 나라들이 많기 때문에 완전한 독립국가로 인정받기에는 오랜 시간이 걸릴 전망이다.

인종 · 종교 · 언어

유고슬라비아 연방이었다가 분리 독립한 국가들을 이해하기 위해서는 역사적 · 종교적 · 인종적 바탕이 필요하다.

유고슬라비아 연방 중에서 가장 서쪽에 위치한 두 나라인 크로아티아와 슬로베니아는 국민의 대부분의 슬라브인이며, 오래전부터 가톨릭의 영향을 받아왔다. 문화적으로도 서유럽 국가들과 가깝기 때문에 로마자 알파벳으로 언어를 표기한다.

세르비아와 몬테네그로는 슬라브인이 대부분을 차지하지만 크로아티아, 슬로베니아와 다르게 동방정교가 주축을 이루고 있다. 서유럽 국가보다는 러시아 쪽에 좀더 가까운 문화이며, 문자로 로마자 알파벳과 키릴문자를 혼용하고 있다. 몬테네그로의 경우 몬테네그로인이 45%, 세르비아인이 29%를 차지하고 있는데, 실질적으로는 세르비아인과 몬테네그로인의 차이가 거의 없다고 봐도 무방하기 때문에 두 나라는 인종이나 종교 · 문화적인 면에서 공통점이 많다. 실제로 유고슬라비아 연방에서 독립할 당시에는 세르비아 – 몬테네그로라는 복잡한 이름(신유고연방이라고도 부름)으로 독립했지만 이후 몬테네그로에 대한 세르비아의 차별 정책으로 인해 분리 독립을 하게 되었다.

보스니아-헤르체고비나는 복잡한 정치 상황만큼이나 구성도 복잡하다. 인종 구성을 보면 보스니아인이 48%, 세르비아인이 37.1%, 크로아티아인이 14.3%를 차지하고 있으며, 세르비아인의 상당수는 보스니아 내의 자치공화국인 스르프스카 공화국에 거주하고 있다. 보스니아인의 경우 슬라브족이 대다수지만 이슬람교를 믿는 알바니아계도 상당 부분을 차지하고 있다. 보스니아어는 세르비아어와 상당히 비슷하지만 크로아티아어와도 연관성이 있으며, 로마자와 키릴문자를 동시에 사용한다.

마케도니아는 유고슬라비아 연방의 가장 남쪽에 위치하고 있으며 지리적으로 알바니아, 터키와 가깝다. 슬라브족을 기반으로 하는 마케도니아인이 인구의 64.2%를 차지하고 있지만 알바니아인도 25.2%를 차지하고 있다. 코소보는 알바니아인이 절대 다수인 88%를 차지하는 국가다.

(왼쪽 위에서 시계 방향으로)크로아티아, 슬로베니아, 세르비아, 몬테네그로, 보스니아-헤르체고비나, 마케도니아의 국기

유고슬라비아 내전, 그 중에서도 보스니아 내전이 끔찍했던 이유는 어제까지 바로 옆에 살았던 이웃이 어느 날 갑자기 자신과 언어·종교·외모가 조금 다르다는 이유로 학살에 앞장섰기 때문이다. 그만큼 이 지역에는 종교·인종·언어에 기반을 둔 민족주의가 뿌리 깊게 박혀 있으며, 이러한 민족 간의 갈등은 스포츠 이벤트에서 보다 극명하게 드러나기도 한다.

실제로 유로 2016(유럽축구선수권대회) 예선에서 맞붙은 세르비아와 알바니아는 세르비아의 수도 베오그라드에서 벌어진 경기 도중 난투극을 벌이고 관중들이 소요를 일으켜 경기가 중단되는 보기 드문 일이 일어났다. 경기 도중 알바니아 국기와 건국 영웅 등을 그린 깃발이 그려진 무인기가 경기장에 난입했고, 그것을 세르비아의 선수가 낚아채면서 폭동으로 이어지게 된 것이다. 이 무인기는 놀랍게도 알바니아 총리인 에디 라마의 형제 올시 라마가 조종한 것으로 밝혀졌고, 경기를 주관하는 UEFA(유럽축구연맹)는 경기를 폐기하고 양팀의 승점을 삭감하는 등의 조치를 검토하고 있는 것으로 알려져 있다.

세르비아와 알바니아의 경기에서 이러한 일이 일어난 이유는 코소보 내전 당시 세르비아 군대가 알바니아계 사람들을 '인종 청소'라는 목적으로 잔인하게 학살했기 때문이다. 당시 전범에 대한 처벌이 제대로 이루어지지 않았으며 전쟁 결과에 대해 양쪽 모두 불만을 가지고 있기 때문에 언제 다시 이러한 소요 사태가 벌어질지 예측할 수 없다.

정치와 경제

크로아티아는 단원제를 기반으로 하고 있는 의원 내각제다. 현재 국회의원 의석수는 153석이며 임기는 4년이다. 다수당이 정부를 구성하고 대표는 총리이며, 별도의 선거를 통해 대통령을 선출해 총리와 대통령이 공존하는 프랑스와 유사한 정부 구성이다. 대통령의 임기는 5년이다. 대통령은 상징적인 의미의 국가수반이며, 실질적으로 행정 권력을 쥐고 있는 것은 총리로 17명의 장관과 함께 행정부를 구성한다.

2011년 총선에서 좌파 성향의 사회 민주당이 주도하는 쿠쿠리쿠 연합 정당(Kukuriku Coalition)이 지난 16년간 집권했던 크로아티아 민주 연합에 승리를 거두고 정권을 교체했다. 이후 사회 민주당의 조란 밀라노비치(Zoran Milanović)가 총리직을 수행하고 있다.

오랜만의 정권 교체를 통해 크로아티아의 정계에는 새로운 바람이 불고 있지만 국내외적인 상황은 그리 좋지 못하다. 2007년까지는 GDP 성장률이 5.1%에 이르는 등 유럽에서도 손꼽히는 고도성장을 기록했으나, 2008년 미국에서 시작된 금융 위기의 직격탄을 맞아 2009년에는 성장세가 마이너스로 돌아선 상태다. 2008년 8.4%로 최저치를 기록했던 실업률도 2012년에는 15.9%까지 치솟았다.

국가투명성기구(Transparency International)에서 발표하는 국가부패지수에서도 크로아티아는 61위를 기록했다(한국은 43위). 정권 교체 이후 새로운 정부에 대해 많은 기대를 걸었지만 지속되는 경제 위기와 긴축 재정 정책 등으로 정부에 실망을 느끼는 국민들도 늘어나고 있다.

2015년 1월 11일 실시된 대통령 선거에서는 야당의 후보인 크라바르 키타로비치(Grabar Kitarović)가 대통령으로 당선되었다. 크로아티아 사상 최초의 여성 대통령이다. 또한 이 선거는 2011년 집권한 중도 좌파 세력에 대한 중간 평가라는 성격이 강했었기 때문에 향후 집권 여당에 대한 압박이 더욱 심해질 것으로 보인다.

크로아티아는 2009년 NATO(북대서양 조약 기구)에 정식으로 가입했으며, 2013년 7월 1일 EU의 29번째 회원국으로 가입했다. 크로아티아의 EU 가입은 금융 위기 이

전부터 검토되어왔고 2011년 EU의 승인이 있었기 때문에 그대로 진행되었지만, 경제 기반이 취약한 남동유럽 국가를 EU에 받아들이는 데 대해서 독일과 같은 국가들은 우려의 시선을 거두지 못하고 있는 상태다.

크로아티아는 유럽에서도 손꼽히는 아름다운 자연 환경과 관광 자원을 가지고 있어 관광 산업이 빠르게 성장하고 있다. 그러나 제조업 기반이 취약한 상태이기 때문에 탄탄한 경제 구조를 갖추기에는 다소 시간이 걸릴 것으로 예상된다.

크로아티아의 사람들

▶ 에디슨을 뛰어넘은 천재 과학자, 니콜라 테슬라(Nikola Tesla, 1856~1943)

젊은 시절의 니콜라 테슬라

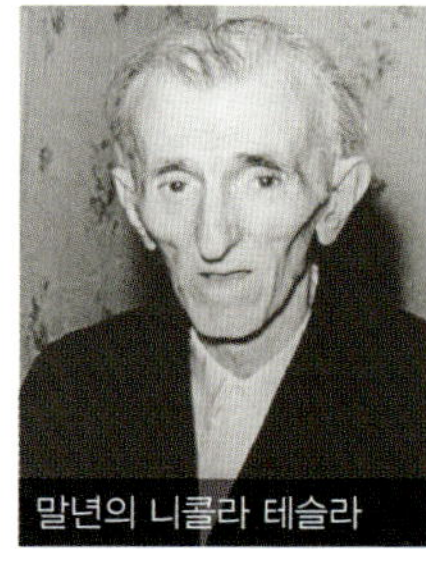

말년의 니콜라 테슬라

니콜라 테슬라는 크로아티아 태생의 인물 중 우리에게 가장 잘 알려져 있는 사람일 것이다. 테슬라는 오스트리아 – 헝가리 제국이 지배하고 있던 지금의 크로아티아 쉬말리아 지역에서 1856년에 태어났다. 어렸을 때부터 천재적인 재능과 평범하지 않은 정신세계를 가지고 있었는데, 모국어인 슬라브어뿐만 아니라 영어, 독일어, 프랑스어, 이탈리아어까지 구사할 수 있었고 수학과 물리학에도 천재적인 재능을 보였다.

산업혁명 이후 유럽에서는 급속한 경제적 성장과 함께 현대 문명에 영향을 주는 다양한 신기술들이 개발된다. 1854년 이탈리아의 안토니오 무치가 발명한 전화가 유럽에 퍼지게 되었고 토마스 에디슨이 설립한 전화 회사의 유럽 지사가 헝가리 부다페스트에 문을 열었는데, 테슬라는 삼촌의 도움으로 이 회사에 취업하게 된다. 그는 여기에서 일하는 도중 교류에 대한 연구를 시작하게 된다.

양극에서 음극 한 방향으로 전류가 흘러가는 '직류'에 비해 일정한 파장으로 양극과 음극이 바뀌는 '교류'는 전기화학적 작용이 적고 전압을 바꾸기 쉽기 때문에 먼 곳까지 전류를 전송할 수 있다는 장점이 있었다. 부다페스트에서 일하던 테슬라는 에디슨의 권유로 미국으로 건너간다. 그러나 직류 방식의 전기 전송을 고집했던 에디슨과 대립한 끝에 회사를 나오게 되고, 웨스팅하우스사의 지원을 받아 실용적인 교류 전송 시스템을 만든다. 우리가 사용하고 있는 대부분의 전기는 모두 교류 방식으로 테슬라가 고안했던 시스템을 그대로 사용하고 있는 것이다.

1895년 3월 13일 새벽 테슬라의 연구소에 대형 화재가 발생하면서 거의 모든 것을 태워버렸다. 화재 당시 소실된 기술로는 개발중이었던 무선 통신 기술과 X선 관련 기술 등 인류의 위대한 발명으로 손꼽히는 것들이 들어 있었다고 한다. 만약 테슬라의 연구실이 불에 타지 않았다면 무선 통신을 발명한 마르코니나 X선을 발견한 뢴트겐의 이름이 역사 속에서 사라졌을지도 모를 일이다.

테슬라의 천재성을 보여주는 또 다른 물건이 바로 레이더다. 미국이 제1차 세계대전에 참전하게 된 가장 큰 원인 중 하나가 U보트라 불리는 독일의 잠수함이었는데, 잠수함을 추적하기 위해 테슬라가 제안했던 기술이 바로 레이더의 기본 개념이었다. 고주파를 쏘고, 전파가 특정한 물체에 반사되면 반사된 전파를 다시 모아서 X선 촬영을 하듯 형광 스크린에 투사할 수 있다는 것이다. 테슬라가 이를 제안할 당시에는 강력한 고주파를 만들 기술이 없었기 때문에 실용화되지 못했지만 1930년대부터 본격적으로 레이더에 대한 연구가 시작되어 제2차 세계대전에서는 널리 사용되었다. 현재 자기장의 단위로 테슬라(T)를 사용하고 있으며, 고주파 고전압을 얻을 수 있는 테슬라 코일 역시 테슬라의 유산 중 하나다.

테슬라는 동시대에 발명가로 이름을 떨쳤던 에디슨과 자주 비교되고는 한다. 에디슨은 반복 실험을 통해 결론을 도출하는 방식의 발명가였던 반면 테슬라는 뛰어난 직관과 천재성을 바탕으로 하는 과학자에 가까웠다. 특히 에디슨과 테슬라가 직류와 교류 방식을 놓고 벌였던 '전류 전쟁'은 변압이나 장거리 전송 등에서 유리한 점을 가지고 있었던 교류가 널리 사용되면서 테슬라의 승리로 끝났다. 에디슨이 고집했던 직류는 현재 전지나 모터 등 일부 기기에서만 한정적으로 사용되고 있다.

▶샤프펜슬과 만년필, 발명가 에두아르드 펜칼라(Eduard Penkala, 1871~1922)

에두아르도 펜칼라

우리가 일상생활에서 널리 사용하는 가장 대표적인 제품들인 샤프펜슬과 만년필, 그리고 보온병이 크로아티아에서 발명된 것이라고 이야기하면 놀라는 사람들이 많을 것이다.

샤프펜슬은 흑연으로 만들어진 샤프심을 기계 작용으로 밀어내 사용하는 연필의 일종이다. 영어로는 '미케니컬 펜슬(Mechanical Pencil, 기계식 연필: 미국)' 혹은 '프로펠링 펜슬(Propelling Pencil: 영국)'이라고 불린다. 우리가 흔히 말하는 '샤프(Sharp)'는 일본에서 개발된 상품의 이름이다.

샤프펜슬의 역사는 영국의 샘슨 모건(Sampson Mordan)과 존 이삭 호킨스(John Isaac

Hawkins)가 1822년 특허를 등록하면서 시작된다. 기본 원리는 중세 시대부터 알려져 왔지만 실질적인 상품으로서 판매되기 시작한 것은 이때가 처음이다. 이때 등록된 기계식 연필은 앞부분을 회전시켜 연필심을 꺼내 사용하는 방식이었다.

하지만 샤프펜슬을 성공적으로 발전시킨 나라는 일본과 크로아티아였다. 일본의 하야카와 도쿠지는 1915년에 '언제나 날카로운 연필'이라는 이름의 '에버 샤프펜슬(Ever Sharp Pencil)'을 내놓아 대성공을 거두게 되었고, '샤프'라는 이름은 일본과 한국 등지에서 기계식 연필의 대명사가 되었다. 도쿠지가 설립했던 하야카와 금속 공업사는 나중에 '샤프(Sharp)'로 회사명을 바꾼다.

크로아티아에서는 슬라볼리움 에두아르도 펜칼라라는 발명가가 당시 유럽에서 팔리고 있던 기계식 연필을 좀더 발전시켰다. 엄밀히 말하자면 기계식 연필을 처음 발명하지는 않았지만 현재 사용되는 것과 유사한 형태의 기계식 연필을 개발해 상품화시키고 대대적으로 판매를 한 사람이 펜칼라였기 때문에 펜칼라를 '기계식 연필의 아버지'로 부르기도 하며, 이를 발명한 사람으로 소개하기도 한다.

펜칼라가 발명한 또 다른 위대한 발명품은 바로 만년필이다. 모세관 현상을 이용해 잉크를 펜촉으로 조금씩 흘려보내는 방식의 현대적인 만년필은 미국의 루이스 워터맨(Lewis Waterman)이 처음 발명했지만, 펜칼라는 고체식 잉크(Solid Ink)를 이용하는 만년필을 세계 최초로 개발했다.

펜칼라는 사업가이자 투자자였던 에드문드 모스터(Edmund Moster)와 함께 자그레브에 펜칼라 – 모스터 주식회사(Penkala–Moster Company)를 설립하고 기계식 연필과 만년필을 판매한다. 이 회사는 당시 세계 최고의 문구 제조사로 이름을 날렸으며, 지금도 '토즈 펜칼라(TOZ Penkala)'라는 이름으로 운영중이다.

펜칼라는 놀랄 만한 발명품을 많이 개발해냈다. 1903년 천연 고무와 PVC를 보온재로 사용하고 외부를 천으로 감싸는 형태의 보온병을 발명했으며, 1910년에는 '펜칼라 모노플레인(Penkala Monoplane)'이라는 비행기를 개발해 크로아티아에서는 처음으로 비행에 성공하기도 했다.

▶**세계적인 크로스오버 피아니스트, 막심 므르비차(Maksim Mrvica, 1975~)**

크로아티아 출신의 뮤지션으로 우리나라에 가장 널리 알려져 있는 사람은 피아니스트인 막심 므르비차다. 1975년 시베니크에서 태어났으며, 1999년 니콜라이 루빈

슈타인 피아노 콩쿠르에서 우승을 차지할 정도로 실력을 인정받은 세계적인 피아니스트다.

해외에서의 성공을 바탕으로 크로아티아에서 가장 주목받는 피아니스트가 되는데, 2001년 멜 부시(Mel Bush)를 만나면서 크로스오버 아티스트로 새로운 길을 걷게 된다. 멜 부시는 바네사 메이와 본드를 키웠던 기획자로 2003년 EMI에서 발매한 'The Piano Player'가 대단한 성공을 거두면서 막심 므르비차의 이름을 세계에 알리게 된다. 이후 2004년 'Variation I&II', 2006년 'A New World' 앨범 역시 큰 성공을 거둔다.

조지 윈스턴이나 유키 구라모토 등 일반적으로 잘 알려진 뉴에이지 계열의 피아니스트들이 서정적인 연주로 높은 인기를 끌었지만, 막심 므르비차는 강렬한 일렉트릭 테크노 사운드에 화려한 피아노 연주를 결합한 독특한 음악으로 인기를 얻었다. 공연에서는 화려한 조명이나 비디오 스크린, 레이저 등을 동원하고 최신 유행의 의상을 갖춰 입는 등 크로스오버 장르에 걸맞는 다양한 시도를 많이 하고 있다.

막심 므르비차는 특히 한국, 중국, 일본, 홍콩 등 아시아권에서 높은 인기를 누리고 있다. 2008년 베이징 올림픽 축하 연주에 초대되어 화려한 연주를 선보였고, 한국에는 첫 크로스오버 앨범인 'The Piano Player' 홍보를 위해 2003년 내한한 뒤 꾸준히 방문하면서 다양한 공연을 선보이고 있다. 2013년에는 세종문화화관 대강당 공연을 매진시켰고, 2014년에도 10~11월에 걸쳐 6개 도시 순회공연을 선보이는 등 한국과 가까운 관계를 유지하는 뮤지션으로 잘 알려져 있다. 그의 음악은 한국의 CF에서 다수 사용되기도 했다.

크로아티아의 스포츠

크로아티아를 여행할 때 스포츠에 대한 지식을 가지고 있다면 좀더 눈여겨볼 만한 것들이 많다. 현재 크로아티아를 대표하는 스포츠는 축구로, 예전부터 축구의 강국이었던 유고슬라비아의 실력을 계승해 지금도 축구 강국으로서의 위치를 확고히 하고 있다. 1992년 유럽축구선수권대회에서 유고슬라비아는 내전 당시 벌어진 인종 학살 등 전쟁 범죄에 대한 책임으로 참가 자격을 박탈당한다(유고슬라비아를 대신해서 참가한 덴마크가 이 대회에서 강호들을 모두 꺾고 우승한 것은 축구 역사상 가장 극적인 이야기 중 하나로 손꼽힌다). 이후 유고슬라비아는 대부분의 국제 스포츠 무대에서 추방당하고, 독립을 한 크로아티아가 국제무대에 다시 등장하게 되는 것은 1998년 프랑스 월드컵에서였다.

당시 크로아티아 대표팀은 스페인의 명문 레알 마드리드에서 주전 공격수였던 다보르 수케르 등 세계적인 선수를 다수 보유하고 있었으며, 8강에서 독일을 3 대 0으로 이기면서 4강에 진출해 전 세계를 놀라게 했다. 4강전에서 프랑스에게 지면서 결승에는 진출하지 못했지만 이후 3-4위전에서 베르캄프가 버티고 있던 네덜란드를 2 대 1로 이기면서 3위를 했고, 수케르는 득점왕을 차지하면서 크로아티아 축구가 세계적 수준임을 입증했다. 이후에는 월드컵에서 우수한 성적을 내지 못했지만 이탈리아와 같은 강팀들을 잡으면서 여전히 유럽에서 축구 강호로 여겨진다.

현재의 크로아티아 축구 대표팀에도 세계적인 축구 선수들이 많다. 레알 마드리드의 미드필더 루카 모드리치는 국민적인 영웅으로 크로아티아 곳곳에 유니폼이 걸려 있는 것을 쉽게 볼 수 있으며, 유벤투스의 스트라이커 마리오 만주키치, 샤흐타르 도네츠크의 다리오 스르나 등 각국의 리그에서 활약하는 수준급의 선수들이 국가대표로 활약하고 있다.

크로아티아 국가대표 유니폼은 많은 축구팬들이 가지고 싶어하는 것으로 잘 알려져 있다. 크로아티아 국기에 있는 무늬를 이용해 매우 독특하게 디자인되어 있기 때문이다. 축구를 좋아하는 사람에게 모드리치의 이름이 인쇄된 크로아티아의 국가대표 유니폼은 꽤 반가운 여행 선물이 될 수 있을 것이다.

크로아티아는 이외에도 축구계에 남긴 또 다른 커다란 흔적이 있다. '토르치다(Torcida)'라 불리는 NHK 하이두크 스플리트 축구팀의 팬은 현재 '서포터'라는 이름으로 잘 알려져 있는 축구 팬 조직을 세계 최초로 만든 것으로 널리 알려져 있다.

축구 외에도 미르코 필리포비치는 '크로캅'이라는 이름으로 한국에도 잘 알려져 있는 이종격투기 스타다. 한국 사람들에게 크로아티아는 '크로캅의 나라'로 더 잘 알려져 있을 정도다. 입식 타격을 기본으로 하는 일본의 K-1(일본 격투기 단체)에서 활동하면서 강력한 왼발 하이킥으로 많은 선수를 KO시켜 높은 인기를 끌었다. 이후에는 일본의 종합격투기 단체인 PRIDE로 이적해서 활동을 계속했다. 당시 최강의 선수였던 에밀리아넨코 효도르와 2005년 8월 28일 벌였던 경기는 한국에 케이블 방송 채널을 통해 생중계되었는데 6%가 넘는 시청률을 기록할 정도로 엄청난 인기를 끌었다. 미르코 크로캅은 크로아티아에서도 인기가 상당해 국회의원까지 지냈다. 그러나 소속되어 있던 격투기 단체가 야쿠자 연계설 등으로 파산, 문을 닫으면서 세계 최대의 이종격투기 단체인 미국의 UFC로 이적했으나 인상적인 활약을 보여주지는 못했고, 최근에는 은퇴를 고려하고 있는 상태라고 한다.

고란 이바니셰비치는 크로아티아 최고의 테니스 스타다. 1988~2004년에 활동했는데 193cm의 큰 키에서 뿜어져 나오는 강력한 서브가 주무기였다. 2001년 윔블던 대회에서는 사상 처음으로 와일드카드로 출전해 우승을 거머쥐었다. 통산 599승 333패, ATP 투어에서 22승을 거뒀다. 2014년 기준으로 통산 상금 랭킹 15위(19,876,579$)에 올라 있다.

『처음 크로아티아에 가는 사람이 가장 알고 싶은 것들』 저자와의 인터뷰

 『처음 크로아티아에 가는 사람이 가장 알고 싶은 것들』을 소개해주시고, 이 책을 통해 독자들에게 전하고 싶은 메시지가 무엇인지 말씀해주세요.

 이 책에는 크로아티아 여행을 계획하는 여행 초보자들이 꼭 알아야 할 정보들을 담아놓았습니다. 여행을 계획하고 준비하는 방법부터 크로아티아를 가장 효율적으로 여행하기 위한 핵심 스케줄을 소개했습니다. 그러니 두려워하지 말고 이 책을 통해서 크로아티아 여행을 계획해보셨으면 좋겠습니다. 크로아티아는 우리에게 잘 알려져 있고 여행하기 쉬운 유럽의 다른 곳보다 훨씬 매력이 넘치는 곳입니다.

 시중에 크로아티아 여행과 관련된 책들이 많이 나와 있습니다. 이 책들과의 차이점은 무엇인가요?

 크로아티아에 대해 지나치게 많은 이야기를 하기보다는 여행에 꼭 필요한 정보들만 담으려고 노력했습니다. 여행에서 최대한 많은 것을 보고 오는 것도 중요하지만 크로아티아 여행에서는 좀더 여유로운 마음

으로 현지의 감성을 즐기는 게 중요하다고 생각했기 때문입니다. 시간에 쫓기며 많은 곳을 눈에 담으려고 애쓰기보다는 천천히 현지의 분위기를 느끼면서 여행을 즐겼으면 좋겠습니다.

특히 자유 여행을 계획하는 분들께 도움을 드리기 위해 노력했습니다. 최근에는 자유 여행을 위해 항공편이나 숙소 등을 직접 예약하려는 사람들이 많은데, 처음이라 두려움 때문에 주저하는 경우를 자주 보았습니다. 이 책에 소개된 방법을 잘 따라하면 항공편도 쉽게 예약할 수 있고, 좋은 숙소를 찾는 것도 어렵게 느껴지지 않을 것입니다.

 **이 책이 처음 크로아티아 여행을 가는 사람들에게 어떤 도움을 줄 수 있을까요?**

 크로아티아는 한국에서 현지까지 항공기 직항 노선이 개설된 나라도 아니고 유럽의 단일 통화인 유로를 쓰는 나라도 아니기 때문에 처음 여행을 가는 사람들은 좀더 세심하게 여행 준비를 해야 합니다. 그래서 여행 전 준비해야 할 부분들에 관해 빠뜨린 것이 없도록 주의를 기울였습니다. 또한 20여 년 전에 크로아티아는 사회주의 국가의 일부였기 때문에 좀더 멀게 느껴질 수도 있다는 생각에 이 책을 통해 여행지를 좀더 친근하게 느낄 수 있도록 노력했습니다. 아마 이 책을 읽으며 크로아티아에 대한 막연함이 조금은 줄어들지 않을까 생각됩니다.

 **크로아티아는 어떤 나라이며, 크로아티아 여행 전에 꼭 준비해야 할 것이 있다면 어떤 것이 있나요?**

 크로아티아는 과거 유고슬라비아 사회주의 연방공화국의 일부였다가 1992년에 독립한 국가입니다. 이탈리아와 아드리아 해를 사이에 두고 마주보고 있으며 유럽에서는 가장 아름다운 풍경을 자랑하는 나라이기 때문에 예전부터 유럽에서는 관광지로 매우 잘 알려져 있었습니다. 하지만 우리에게는 다소 멀게 느껴지는 곳이었습니다.

크로아티아 여행을 준비한다면 가장 먼저 카메라부터 챙기길 권합니다. 크로아티아만의 아름다운 풍경을 충분히 감상하고, 좀더 오랫동안 기억 속에 남기기 위한 방법으로는 사진만 한 것이 없습니다. 또한 햇빛이 워낙 강렬한 곳이니 선크림과 모자 등을 챙기는 것도 잊지 않아야 합니다.

 **크로아티아가 유럽에서 가장 매력적이라고 하셨는데요, 그 이유가 무엇인지 말씀해주세요.**

 한국에서는 한 방송 프로그램을 통해 유명해졌지만 앞서 이야기했다시피 크로아티아는 예전부터 유럽에서 매우 잘 알려진 관광지입니다. 여행의 종합 선물 세트라고 해도 좋을 정도로 다양한 모습을 가지고 있지요. 낭만적인 유럽 도시의 전형적인 풍경부터 고대 로마와 중세 시대를 아우르는 역사의 흔적들, 그리고 아드리아 해의 파란 하늘과 뜨거운 태양이 만들어내는 환상적인 색감이 사람들의 눈을 사로잡는 곳입니다. 너무나 강렬한 감동을 전해주는 곳이기 때문에 지금처럼 세계적인 관광지가 되었다고 생각합니다.

 **크로아티아 여행을 하는 한국 관광객의 숫자가 급증하고 있습니다. 한국 여행자들이 여행할 때 조심해야 할 것은 무엇인가요?**

 크로아티아는 다른 유럽의 대도시보다 더 여행하기 안전한 곳입니다. 하지만 간혹 소매치기의 피해를 입는 한국 여행객들의 사례도 있기 때문에 가급적이면 관광객들이 많은 장소에 있는 것이 좋고, 소지품 관리에도 항상 신경을 써야 합니다.

두브로브니크는 워낙 세계적으로 유명한 관광지라 물가가 상당히 높은 편입니다. 특히 성수기에는 숙소가 상당히 비싸고 방을 구하는 것도 쉽지 않기 때문에 여행 계획을 미리 세워 예약하는 것이 좋습니다.

마지막으로 책이나 지도에 의존해서 여행을 해도 크게 무리는 없지만 현지에 도착하면 반드시 관광 안내소를 방문해 지도와 함께 주변에 대한 정보를 알아보는 것을 추천합니다.

 **크로아티아에는 인상적인 곳이 많다고 하셨습니다. 크로아티아에 가면 꼭 둘러봐야 할 곳은 어디인가요? 몇 군데 추천 부탁드립니다.**

 크로아티아에서 가장 잘 알려진 곳은 역시 두브로브니크입니다. 워낙 예쁘고 볼 것이 많으므로 2박 정도 하면서 충분히 현지의 분위기를 즐겨보는 것이 좋습니다. 특히 성벽 투어 중간에는 꼭 오렌지 주스를 한 잔 드시고, 해 질 녘에는 케이블카를 타고 스르지 산 정상에 올라가시길 바랍니다. 플리트비체 호수 국립공원 역시 세계적인 관광지인데, 몇 시간 정도만 보는 것도 가능하지만 인근 마을에 숙소를 정해놓고 하루 정도 트레킹을 하면서 천천히 경치를 즐기는 것도 좋은 방법입니다. 특히 자다르에서는 꼭 노을을 감상하길 바랍니다. 운이 조금만 따라준다면 세계적인 영화감독 알프레드 히치콕이 왜 자다르의 노을을 극찬했는지 실감할 수 있을 것입니다. 흐바르 섬에서는 지중해식 요리와 함께 섬에서 난 포도로 만든 와인을 같이 즐기고, 부두로 나가서 휴양지의 흥청망청한 분위기에 함께 어울려보기 바랍니다.

 **크로아티아를 다녀오시면서 여러 에피소드가 많았다고 들었습니다. 재미있었던 에피소드를 하나 소개해주세요.**

 한국에는 크로아티아까지 직항 노선이 없기 때문에 보통 주변 국가를 거치게 됩니다. 전 주로 프라하를 통해서 여행을 했는데 최근에 다녀왔을 때는 프라하에서 두브로브니크까지 비행기를 타고 간 뒤 쭉 올라오면서 둘러보고 자그레브에서 비행기로 프라하까지 가는 방법을 선택했습니다. 차를 렌트해서 여행했기 때문에 예전에 가보지 못했던 좋은 장소들을 많이 볼 수 있었습니다. 만약 3~4명이 같이 여행하고 운전이 가능하다면 차를 렌트하는 것을 적극 추천하고 싶습니다. 그런데 제가

갔을 때는 자그레브에서 프라하까지 비행기를 운항하는 항공사에서 스케줄을 취소하는 바람에 자그레브에서 렌터카로 프라하까지 10시간을 넘게 운전해야 했던 기억이 나네요.

 크로아티아 음식이 우리와 잘 맞지 않아서 고생하는 경우는 없나요? 크로아티아 음식에 대해 이야기해주세요.

 크로아티아에서 만날 수 있는 음식은 크게 지중해식과 이탈리아식이 있습니다. 지중해식은 생선과 고기가 주재료인데 유럽의 다른 나라에서 맛볼 수 있는 음식과 크게 다르지 않습니다. 트로기르 같은 아드리아 해변의 도시에서는 지중해식의 근사한 생선 요리를 맛볼 수 있습니다. 만약 음식이 입맛에 안 맞을까봐 걱정된다면 오징어로 만든 요리를 고르는 게 음식 선택의 실패를 줄일 수 있는 현명한 방법입니다. 피자나 파스타가 맛있는 이탈리안 레스토랑도 쉽게 찾을 수 있습니다.

크로아티아는 전형적인 지중해성 기후로 포도가 많이 생산되기 때문에 와인이 잘 알려져 있습니다. 식사를 할 때 와인을 곁들이면 다소 느끼하고 짠 것 같았던 현지의 음식 맛이 상당히 달라지는 걸 느낄 수 있습니다. 또한 크로아티아 맥주도 유럽에서 상당히 잘 알려져 있으므로 여행을 하게 된다면 꼭 한 번 맛보시기를 바랍니다.

음식은 여행에서 가장 중요한 경험 중 하나라고 생각합니다. 고추장과 라면을 챙겨가는 것보다는 조금 입맛에 맞지 않더라도 현지 음식을 맛보는 것이 어떨까요.

 외국 여행을 할 때 국내 여행자들이 가장 걱정하는 것이 언어와 치안 문제입니다. 크로아티아는 어떤가요?

 크로아티아 현지에서는 영어로 대부분 의사소통이 가능하므로 꼭 크로아티아어를 하려고 노력하지 않아도 됩니다. 다만 시장에서는 영어가 잘 통하지 않을 수 있습니다. 치안은 다른 유럽의 대도시에 비해 오

히려 안전한 편입니다. 물론 소매치기 등은 항상 조심하는 것이 좋고, 사람의 왕래가 적은 뒷골목에는 들어가지 않아야 합니다. 관광객이 많은 두브로브니크는 새벽까지 흥청망청한 분위기가 이어지지만 대도시인 자그레브는 밤이 되면 인적이 드물어지므로 가급적 밤늦게 돌아다니지 않는 것이 좋습니다.

 **크로아티아를 여행할 여행자들에게 꼭 해주고 싶은 이야기가 있다면 한 말씀 부탁드립니다.**

 많은 사람들이 유럽 여행이라고 하면 보통 파리나 런던과 같은 서유럽의 대도시들을 떠올리지만, 만약 저에게 일주일 정도 유럽 여행을 정말 '진하게' 할 수 있는 곳을 추천해달라고 하면 망설이지 않고 첫손에 꼽는 나라가 바로 크로아티아입니다.

크로아티아를 여행할 때는 욕심을 조금 내려놓는 편이 좋습니다. 크로아티아 여행은 책에 소개된 여러 장소들을 그냥 찾아다니는 것이 아니라 크로아티아만의 분위기에 푹 빠져들어야 제대로 된 여행을 하는 것이기 때문입니다. 그런 면에서 짧은 시간 동안 정신없이 이동해야 하는 빡빡한 일정보다는 어느 한 곳의 매력을 온전히 즐겨볼 수 있는 일정을 계획하는 것이 좋겠습니다.

스마트폰에서 이 QR코드를 읽으시면
저자 인터뷰 동영상을 보실 수 있습니다.

* 원앤원스타일(www.1n1books.com)에서 상단의 '미디어북스'를 클릭하시면 이 책에 대한 더욱 심층적인 내용을 담은 '저자 동영상'과 '원앤원스터디'를 무료로 보실 수 있습니다.
* 이 인터뷰 동영상 대본 내용을 다운로드받고 싶으시다면 원앤원스타일 홈페이지에 회원으로 가입하시면 됩니다. 홈페이지 상단의 '자료실-저자 동영상 대본'을 클릭하셔서 다운받으시면 됩니다.

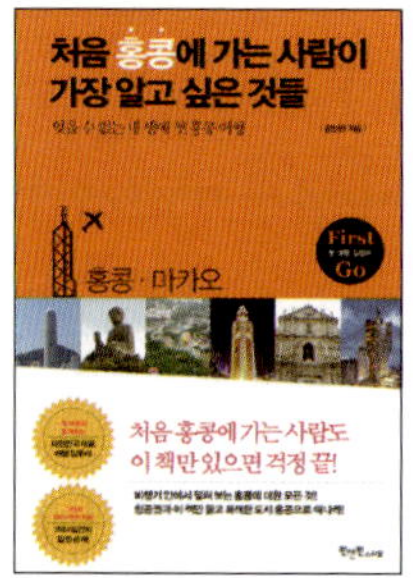

잊을 수 없는 내 생애 첫 홍콩 여행

처음 홍콩에 가는 사람이 가장 알고 싶은 것들

김인현 지음 | 값 15,000원

이 책은 홍콩을 처음 여행하는 사람이라도 아무 걱정 없이 따라 하면 되는 여행 지침서다. 홍콩의 구석구석을 효율적으로 둘러볼 수 있도록 지역별로 꼼꼼하게 일정을 짰다. 홍콩 여행에서 반드시 해야 할 것, 봐야 할 것, 먹어야 할 것을 좀더 수월하게 선택할 수 있도록 핵심적인 내용만을 담기 위해 노력했다. 이 책에 소개한 3박 4일의 일정을 그대로 따라가다 보면 홍콩의 매력을 제대로 느낄 수 있을 것이다.

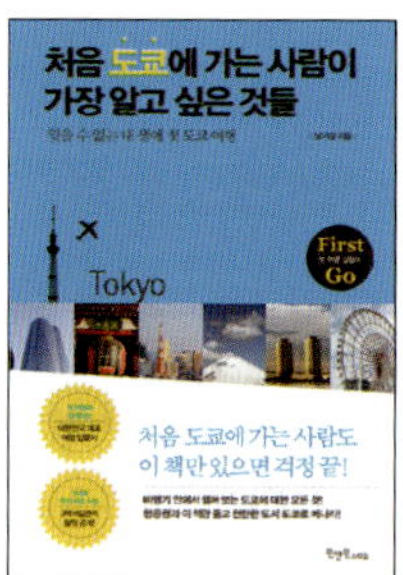

잊을 수 없는 내 생애 첫 도쿄 여행

처음 도쿄에 가는 사람이 가장 알고 싶은 것들

남기성 지음 | 값 15,000원

이 책은 처음 도쿄를 여행하는 사람을 위한 최선의 일정을 제시한다. 효율적인 도쿄 여행을 위한 핵심 정보로만 구성한 3박 4일의 일정을 따라가보자. 하루하루 지역별로 꼼꼼하게 동선을 구성해 도쿄를 처음 방문했다고 하더라도 여행하는 데 불편함이 없도록 하는 데 노력을 기울였다. 또한 꼭 들러야 할 명소는 물론 교통 정보까지 수록되어 있어 도쿄 여행이 처음인 사람들을 위한 여행 입문서로 손색이 없다.

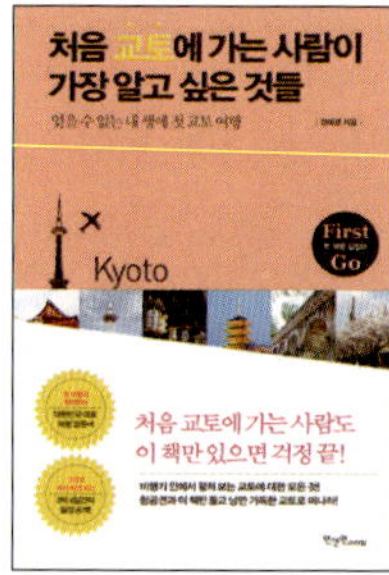

잊을 수 없는 내 생애 첫 교토 여행

처음 교토에 가는 사람이 가장 알고 싶은 것들

정해경 지음 | 값 17,000원

이 책은 해외여행이 처음이거나 교토 여행이 처음인 사람들을 위한 책으로, 교토가 처음이라고 하더라도 불편함이 없는 여행이 되도록 구성했다. 교토를 가장 효율적으로 여행하기 위해 추천 일정별·지역별로 나누어 동선을 제시한다. 무엇보다 세계문화유산이 즐비한 교토는 아는 만큼 보이는 곳이기에 문화유산 답사에도 지장이 없도록 했고, 추천 일정에는 교토에서 꼭 먹어봐야 하는 음식들을 소개했다.

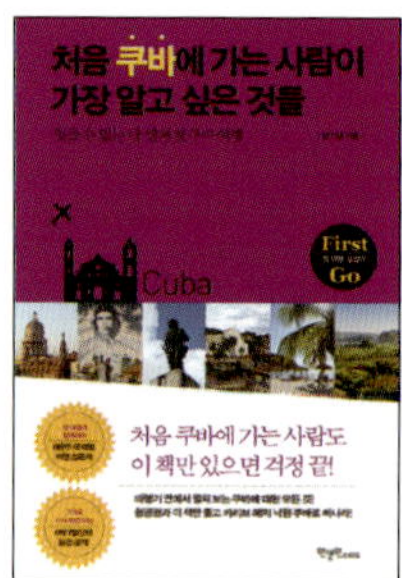

잊을 수 없는 내 생애 첫 쿠바 여행

처음 쿠바에 가는 사람이 가장 알고 싶은 것들

남기성 지음 | 값 15,000원

'지상 최대의 아름다운 낙원'이라고 칭송받는 쿠바! 이 책은 처음 쿠바에 가는 사람을 위한 최고의 여행 길라잡이다. 누구나 따라 하기 쉬우면서도 가장 효율적으로 쿠바를 여행할 수 있도록 핵심정보만 뽑아 6박 7일 일정으로 구성했다. 별다른 준비 없이 이 책만 펼쳐도 미처 알지 못했던 쿠바의 매력을 알게 됨과 동시에 여행에서 반드시 해야 할 것, 봐야 할 것, 먹어야 할 것에 대한 선택을 보다 분명히 내릴 수 있을 것이다.

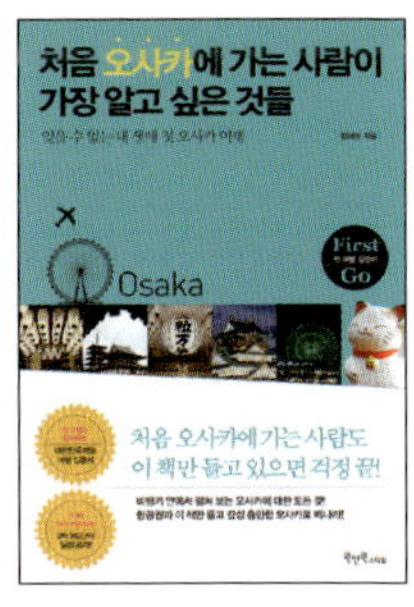

잊을 수 없는 내 생애 첫 오사카 여행

처음 오사카에 가는 사람이 가장 알고 싶은 것들

정해경 지음 | 값 15,000원

가야 할 곳도 먹어야 할 것도 무척 많은 도시 오사카! 효율적이면서도 오사카를 제대로 여행할 수 있도록 핵심 정보 위주로 2박 3일 일정을 구성했다. 오사카를 지역별로 나누어 한눈에 쉽게 알아볼 수 있도록 했고, 시작점부터 도착점까지 루트를 지도에 표시해 두었기 때문에 일부러 시간을 들여 일정을 고민하고 세부 정보를 찾아야 하는 수고로움을 덜 수 있다.

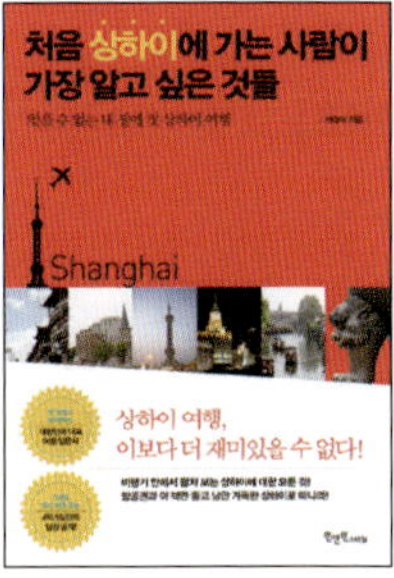

잊을 수 없는 내 생애 첫 상하이 여행

처음 상하이에 가는 사람이 가장 알고 싶은 것들

하경아 지음 | 값 15,000원

짧게는 1박 2일, 길게는 4박 5일 동안 상하이의 구석구석을 도보로 누빌 수 있는 여행 안내서다. 상하이로 여행 간다면 반드시 먹어봐야 할 것, 봐야 할 것, 가야 할 곳을 엄선해 꼽았다. 저자가 직접 도보여행을 하며 시작점부터 도착점까지 지도로 표시했기 때문에 여행자의 시선에 맞춘 유용한 정보로 가득하다. 특히 테마별로 상하이를 둘러볼 수 있도록 일정을 묶어 여행하기에 편리하다.

잊을 수 없는 내 생애 첫 대만 여행

처음 타이완에 가는 사람이 가장 알고 싶은 것들

정해경 지음 | 값 15,000원

해외여행 경험이 별로 없는 이들도 타이완으로 첫 해외여행을 떠날 수 있게 도와주는 여행정보서 『처음 타이완에 가는 사람이 가장 알고 싶은 것들』이 개정되어 출간되었다. 이 책과 항공권만 들면 누구나 자신감을 가지고 쉽게 타이완으로 떠날 수 있도록 완벽한 가이드를 제시한다. 또한 여행지의 역사부터 최근의 정보까지 빠뜨리지 않고 담고 있으며 직접 눈으로 보지 않더라도 생생하게 그릴 수 있을 만큼 현지의 느낌을 잘 살려냈다.

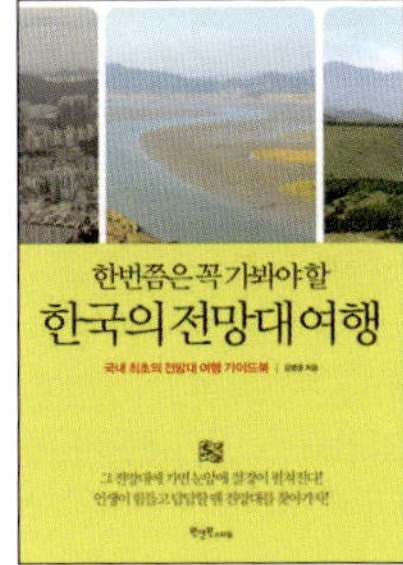

국내 최초의 전망대 여행 가이드북

한번쯤은 꼭 가봐야 할 한국의 전망대 여행

김병훈 지음 | 값 17,000원

이 책은 기존의 전망대뿐만 아니라 산봉우리나 언덕까지도 망라해 주변 경관이 아름답고, 맑은 날 먼 곳까지 보기에 좋은 한국의 전망대를 소개한다. 특히 그 중에서도 쉽고 편하게 갈 수 있는 곳으로 한정해, 산꼭대기라도 자동차로 최대한 진입할 수 있거나 걸어서 20분 이내에 갈 수 있는 56곳을 엄선했다. '국내 최초로 만나는 전망대 여행 가이드북'이라는 이제까지의 여행책들과는 다른 테마로 색다른 즐거움을 선사할 것이다.

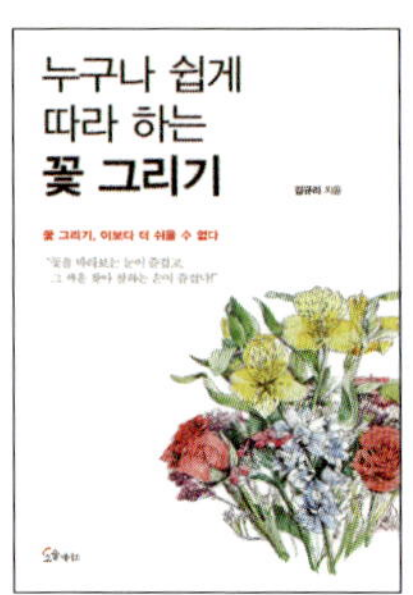

꽃 그리기, 이보다 더 쉬울 수 없다

누구나 쉽게 따라 하는 꽃 그리기

김규리 지음 | 값 25,000원

이 책은 처음 꽃을 그리는 사람이어도 보다 쉽게 꽃 그림을 그릴 수 있도록 구성했다. 실제로 그림을 그리기 전에 알아두어야 할 기초 지식들을 상세히 설명해주어 기본기를 확실하게 잡을 수 있게 했으며, 기존의 책들과는 달리 다양한 꽃들을 풍부하게 다루어 종류별로 충분히 연습할 수 있도록 했다. 이 책에 나온 다양한 꽃들을 따라 그리다 보면 어떤 꽃을 마주하더라도 당황하지 않고 자신 있게 그림을 그리게 될 것이다.

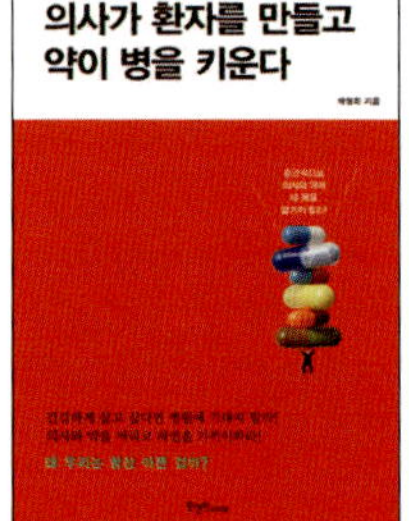

의사와 약을 버리고 자연을 가까이하라!

의사가 환자를 만들고 약이 병을 키운다

박명희 지음 | 값 15,000원

이 책은 한국인의 건강양태를 바르게 안내할 건강실용서로, 현대인들이 병에 걸려 아파하는 원인을 인문과 예술, 과학을 포함해 교육·심리·자연·철학에 이르기까지 다양한 분야의 융합적 접근을 통해 이야기한다. 더불어 우리가 잘못 알고 있던 건강상식을 바로잡고, 서양인들의 기준에 맞춰진 서양 문물과 시스템에 얽매이기보다는 한국인에게 어울리는 자연건강법을 설명해주어 건강에 대한 관점을 새롭게 한다.

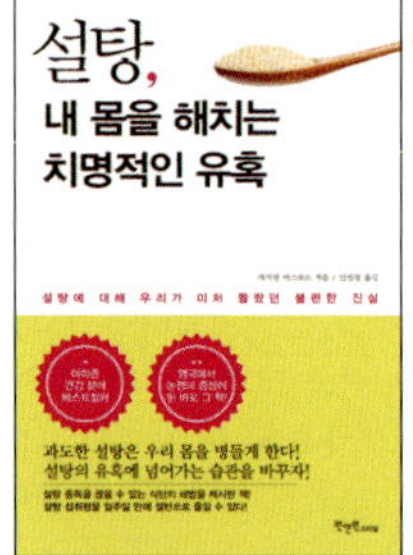

설탕에 대해 우리가 미처 몰랐던 불편한 진실

설탕, 내 몸을 해치는 치명적인 유혹

캐서린 바스포드 지음 | 신진철 옮김 | 값 14,000원

이 책은 우리가 무의식적으로 섭취하는 설탕에 대한 경각심을 불러일으키고, 설탕에서 벗어나는 방법에 대한 친절한 조언과 식사법, 레시피까지 소개해준다. 이 책에서 주장하는 대로 설탕 섭취에 대한 통제력을 되찾기 위해 노력하다 보면, 어느새 당신의 삶의 다른 영역을 통제할 수 있는 힘도 길러져 있을 것이다. 그러니 좀더 건강한 삶을 위해 지금 당장 이 책을 펼쳐보자.

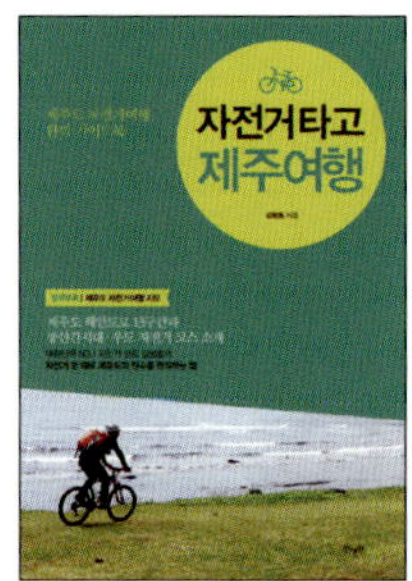

자전거 한 대로 제주도의 진수를 만끽하는 법!

자전거 타고 제주여행

김병훈 지음 | 값 16,000원

대한민국 NO.1 자전거 멘토인 김병훈 대표가 20여 년간 두 바퀴의 자전거로 제주도를 수없이 누비며 찾아낸 제주도여행의 최적의 자전거 코스를 소개한 책이 출간되었다. 제주도 해안코스 13구간과 중산간지대(오름지대, 곶자왈)와 우도까지, 자전거코스 위주로 제주의 구석구석을 소개했다. 특히 저자가 직접 자전거를 타고 여행했기 때문에 라이딩을 즐기면서도 제주도를 충분히 돌아볼 수 있는 유용한 정보들이 가득하다.

미국프로농구를 지배하는 세계적인 농구스타들의 모든 것

우리를 행복하게 하는 농구스타 22인

손대범 지음 | 값 19,500원

이 책은 미국프로농구(NBA)에서 활약하며 전 세계 농구팬들을 흥분하게 만들고 있는 농구스타들에 관한 심층적이고도 흥미진진한 이야기를 우리에게 들려준다. 이 책을 읽으며 선수에서 팀으로, 팀에서 농구 그 자체로 시야가 확대되는 과정을 통해 좀더 재미있게 농구경기를 감상할 수 있게 되리라 믿는다. 화려한 미사여구가 아닌 담백한 말들로 진솔하게 풀어낸 이 책은 대한민국 농구팬들에게 또 다른 지침서가 될 것이다.

쁘띠성형에 대해 꼭 알고 싶은 것들

나는 오늘도 예뻐진다

최경희 지음 | 값 15,000원

이 책은 자신을 사랑하는 사람들이 의학적 도움을 받아 스스로를 가꾸고 자신감을 갖게 해, 행복하게 살아갈 수 있도록 도움을 준다. 쁘띠성형에 대해 궁금한 것도 많고 알고 싶은 것도 많은데 막상 병원에 가서는 제대로 물어보지 못했던 사람들, 막연히 쁘띠성형을 두려워했던 사람들, 짧은 시간 안에 간단한 시술로 예뻐지고 싶은 사람들이라면 이 책을 읽어보길 바란다.

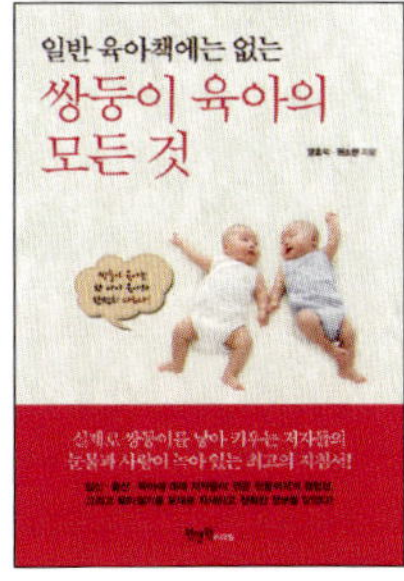

쌍둥이 육아는 한 아이 육아와 완전히 다르다!

일반 육아책에는 없는 쌍둥이 육아의 모든 것

양효석 · 권소현 지음 | 값 15,000원

임신부터 출산과 육아에 이르기까지 쌍둥이는 단태아와 다른 점이 많다. 특히나 육아 노동의 강도는 단지 곱하기 2에 그치는 것이 아니라 곱하기 3 또는 4로 느껴질 정도다. 임신 · 출산 · 육아에 대해 쌍둥이를 낳아 키운 저자들이 직접 겪은 첫돌까지의 경험담을 담은 책이 나왔다. 전쟁만큼 격렬한 쌍둥이 육아, 제대로 할 수 있는 노하우를 공개한다.

스마트폰에서 이 QR코드를 읽으면
도서목록과 바로 연결됩니다.

독자 여러분의
소중한 원고를 기다립니다

원앤원스타일은 독자 여러분의 소중한 원고를 기다리고 있습니다. 집필을 끝냈거나 혹은 집필중인 원고가 있으신 분은 khg0109@hanmail.net으로 원고의 간단한 기획의도와 개요, 연락처 등과 함께 보내주시면 최대한 빨리 검토한 후에 연락드리겠습니다. 머뭇거리지 마시고 언제라도 원앤원스타일의 문을 두드리시면 반갑게 맞이하겠습니다.